新型职业农民培育工程通用教材

梨规模生产与果园管理

◎ 曹炎成　徐文荣　主编

中国农业科学技术出版社

图书在版编目（CIP）数据

梨规模生产与果园管理／曹炎成，徐文荣主编．—北京：中国农业科学技术出版社，2016.7（2025.6重印）

（新型职业农民培育工程通用教材）

ISBN 978-7-5116-2634-9

Ⅰ.①梨… Ⅱ.①曹…②徐… Ⅲ.①梨-果树园艺 ②梨-果园管理 Ⅳ.①S661.2

中国版本图书馆CIP数据核字（2016）第138341号

责任编辑	张志花
责任校对	李向荣

出 版 者	中国农业科学技术出版社
	北京市中关村南大街12号 邮编：100081
电　　话	（010）82106636(编辑室)　（010）82109702(发行部)
	（010）82109709(读者服务部)
传　　真	（010）82106631
网　　址	http://www.castp.cn
经 销 者	各地新华书店
印 刷 者	北京中科印刷有限公司
开　　本	850mm×1 168mm　1/32
印　　张	9
字　　数	235千字
版　　次	2016年7月第1版　2025年6月第4次印刷
定　　价	39.80元

◄‖ 版权所有·翻印必究 ‖►

新型职业农民培育工程通用教材
《梨规模生产与果园管理》
编委会

主　编　曹炎成　徐文荣
副主编　钟林炳　杨美碧
编　者　曹炎成　徐文荣　钟林炳
　　　　杨美碧　吴　群　陆玫丹
　　　　金开军　童发根　詹金鸿
　　　　蓝树发

前　　言

梨树原产我国，有悠久的栽培历史，自古被誉为"百果之宗"。改革开放30多年来，我国梨生产得到迅猛发展，成为农村经济和农民脱贫致富的支柱产业。2014年我国梨栽培面积1 669.95万亩（1亩≈667m^2。全书同），产量1 850万吨，位居苹果和柑橘之后的第三位，同时，我国梨栽培面积和产量稳居世界首位。因此，梨树生产不仅是现代高效农业的重要组成部分，而且在满足人们日益增长的物质文化生活需要和建设美丽中国、改善生态环境、发展观光休闲农业中发挥着越来越大的作用。

近几年来，随着我国社会经济发展和人们生活水平提高，消费者对果品质量安全的要求越来越高，果品市场需求从数量型向质量型转变。梨产业还存在品种结构不合理，生产经营规模小，栽培管理技术落后，从业人口老化及劳动力价格高，机械化程度低、生产成本高，果品质量不高、竞争力不强，导致梨生产比较效益下降等问题。随着城镇化的迅速发展，农户兼业化、人口老龄化趋势日益明显，果农缺乏相应的栽培技术。为了解决"关键农时缺人手、现代农业缺人才、农业生产缺人力"的问题，培育适度规模的新型生产主体和新型职业农民是当务之急，培养有文化、懂技术、会经营、能创业的新型职业农民，使之成为当地果业发展的主力军、农民致富的领头人，开展果树品种、品质、品牌的提升，促进果树生产、生活、生态的共赢发展，从而推动现代果业持续健康的发展。

我国正处于传统农业向现代农业转化、果品供给侧结构改革的关键时期，梨产业已进入新常态。为解决梨生产老龄化和新一代农民缺乏果树技术的问题，我们组织生产一线的科技人员、科研院所的果树专家，吸收现代梨产业技术成果和多年实践经验，编写了《梨规模生产与果园管理》一书，供果农和培训人员参考。该书介绍了梨树栽培概述、生物学特性与对环境条件的要求、梨树种类与品种选择、梨树育苗与高接换种、梨园营建与大树移栽、土肥水管理、整形与修剪、花果管理与高品质栽培、主要病虫害防治技术、果品质量安全与标准化生产等内容。全书内容丰富，重点突出，图文并茂，深入浅出，实用性强；注重内容的充实和详尽，栽培技术的先进和适用，语言文字力求通俗易懂，便于理解和生产应用。

由于编者水平有限、编写时间仓促、资料资源不足，书中如有遗漏及不妥之处，敬请同行和读者批评指正。

编　者

2016年5月

目　　录

第一章　概论 …………………………………………… (1)
　第一节　梨栽培历史及意义 ………………………… (1)
　　一、栽培历史 ……………………………………… (1)
　　二、我国梨在世界生产中的地位 ………………… (4)
　　三、梨生产价值 …………………………………… (6)
　第二节　梨的分布与生产现状 ……………………… (9)
　　一、梨种类与种植区域分布 ……………………… (9)
　　二、生态适宜区与主要产区 ……………………… (10)
　　三、生产现状 ……………………………………… (11)
　第三节　现代梨生产问题及发展对策 ……………… (12)
　　一、我国梨生产的主要问题 ……………………… (12)
　　二、发展思路和对策 ……………………………… (14)
第二章　梨树生物学特性 ……………………………… (17)
　第一节　植物学特性 ………………………………… (17)
　　一、根 ……………………………………………… (17)
　　二、芽 ……………………………………………… (19)
　　三、枝 ……………………………………………… (21)
　　四、叶 ……………………………………………… (22)
　　五、花 ……………………………………………… (23)
　　六、果实 …………………………………………… (25)
　　七、结果习性 ……………………………………… (25)

八、梨树主要物候期 …………………………………… (26)
　第二节　梨树生命和生长周期 …………………………… (26)
　　一、果树生命周期 ……………………………………… (26)
　　二、梨树生长周期 ……………………………………… (29)
　第三节　对环境条件的要求 ……………………………… (30)
　　一、温度 ………………………………………………… (30)
　　二、水分 ………………………………………………… (32)
　　三、光照 ………………………………………………… (32)
　　四、土壤 ………………………………………………… (33)
　　五、其他环境因子 ……………………………………… (33)
第三章　梨树种类与品种的选择 …………………………… (35)
　第一节　我国梨树的主要种类 …………………………… (35)
　　一、秋子梨品种群 ……………………………………… (35)
　　二、白梨品种群 ………………………………………… (36)
　　三、砂梨品种群 ………………………………………… (36)
　　四、西洋梨品种群 ……………………………………… (37)
　　五、新疆梨品种群 ……………………………………… (37)
　第二节　梨优良品种的选择 ……………………………… (38)
　　一、早熟品种 …………………………………………… (38)
　　二、中熟品种 …………………………………………… (45)
　　三、晚熟品种 …………………………………………… (53)
　第三节　品种现状与选择 ………………………………… (60)
　　一、梨品种的发展现状 ………………………………… (60)
　　二、品种的选择 ………………………………………… (61)
　　三、提高梨产业竞争力的途径 ………………………… (63)
第四章　梨树育苗与高接换种 ……………………………… (65)
　第一节　圃地的选择与建立 ……………………………… (65)
　　一、苗圃地选择 ………………………………………… (65)

二、苗圃地的建立 …………………………………… (67)
第二节 砧木苗的培育 ……………………………… (68)
一、砧木品种的选择 ………………………………… (68)
二、种子采集与贮藏 ………………………………… (72)
三、种子播种 ………………………………………… (75)
四、实生苗管理 ……………………………………… (76)
五、自根苗培育 ……………………………………… (78)
第三节 嫁接苗的培育 ……………………………… (79)
一、砧木选择 ………………………………………… (79)
二、接穗采集和贮藏 ………………………………… (79)
三、嫁接时期和方法 ………………………………… (81)
四、嫁接苗管理 ……………………………………… (87)
第四节 果树设施育苗 ……………………………… (89)
一、塑料地膜覆盖育苗 ……………………………… (89)
二、塑料小拱棚育苗 ………………………………… (91)
第五节 果苗出圃技术 ……………………………… (92)
一、起苗时期与方法 ………………………………… (92)
二、果苗分级与修整 ………………………………… (93)
三、果苗检疫与消毒 ………………………………… (93)
四、果苗包装与假植 ………………………………… (94)
第六节 梨树高接换种 ……………………………… (95)
一、梨园和品种选择 ………………………………… (96)
二、高接换种技术 …………………………………… (96)
三、高接树管理要点 ………………………………… (98)

第五章 梨园营建与大树移栽 ……………………… (99)
第一节 园地选择及规划设计 ……………………… (99)
一、园地的选择 ……………………………………… (99)
二、果园类型 ………………………………………… (100)

三、果园规划和设计 …………………………………（104）
　　四、建园技术 ……………………………………………（115）
　第二节　梨树栽植与栽后管理 ………………………（118）
　　一、品种选择与配置 …………………………………（118）
　　二、栽植密度和方式 …………………………………（120）
　　三、栽植时期与栽前准备 ……………………………（122）
　　四、栽植技术与栽后管理 ……………………………（124）
　第三节　矮化密植与大树移栽技术 …………………（127）
　　一、矮化密植技术 ……………………………………（127）
　　二、大树移栽技术 ……………………………………（130）

第六章　梨园的土肥水管理 ………………………………（134）
　第一节　土壤管理 ……………………………………（134）
　　一、深翻改土 …………………………………………（134）
　　二、中耕除草 …………………………………………（135）
　　三、间作套种 …………………………………………（136）
　　四、生草覆盖 …………………………………………（136）
　第二节　梨园施肥 ……………………………………（137）
　　一、梨需肥特点与施肥原则 …………………………（137）
　　二、肥料种类与施用量 ………………………………（140）
　　三、施肥时期与方法 …………………………………（142）
　第三节　水分管理 ……………………………………（153）
　　一、梨树需水量 ………………………………………（153）
　　二、灌水 ………………………………………………（154）
　　三、排水 ………………………………………………（155）

第七章　梨树的整形与修剪 ………………………………（157）
　第一节　梨树整形修剪的概念及作用 ………………（157）
　　一、整形修剪的概念 …………………………………（157）
　　二、整形修剪的作用 …………………………………（158）

三、梨树整形的树形选择 …………………………… (158)
第二节　梨树整形的主要过程 ……………………… (162)
一、小冠疏层形的整形过程 ………………………… (162)
二、主干疏层形的整形过程 ………………………… (162)
三、自由纺锤形的整形过程 ………………………… (163)
第三节　整形修剪的时期及基本方法 ……………… (164)
一、整形修剪时期 …………………………………… (164)
二、修剪的基本方法 ………………………………… (165)
三、梨树不同年龄时期的修剪 ……………………… (170)
第四节　棚架栽培整形与更新疏枝 ………………… (171)
一、棚架栽培整形 …………………………………… (171)
二、更新疏枝 ………………………………………… (172)

第八章　花果管理与高品质栽培 …………………… (173)
第一节　影响果品质量的因素 ……………………… (173)
一、梨果实品质构成要素 …………………………… (173)
二、影响果实品质的因子 …………………………… (174)
三、花芽质量与果实品质 …………………………… (175)
第二节　保花保果与疏花疏果 ……………………… (177)
一、保花保果 ………………………………………… (178)
二、疏花疏果 ………………………………………… (181)
第三节　果实套袋增质技术 ………………………… (183)
一、果实套袋 ………………………………………… (183)
二、涂梨果灵 ………………………………………… (185)
三、果实增质技术 …………………………………… (185)
第四节　采收与贮藏技术 …………………………… (187)
一、果实采收 ………………………………………… (187)
二、选果分级 ………………………………………… (188)
三、贮藏与保鲜 ……………………………………… (188)

第九章 梨树主要病虫害的防治 (190)
第一节 梨树病虫害防治的基本方法 (190)
一、农业防治 (190)
二、物理防治 (191)
三、生物防治 (192)
四、化学防治 (193)
五、梨病虫害的绿色防控 (193)
第二节 梨树主要病害的防治 (194)
一、梨黑星病 (194)
二、梨锈病 (197)
三、梨轮纹病 (199)
四、梨黑斑病 (201)
五、梨腐烂病 (204)
第三节 梨树主要虫害的防治 (207)
一、梨木虱 (207)
二、梨小食心虫 (209)
三、梨茎蜂 (211)
四、梨黄粉蚜 (213)
五、梨星毛虫 (215)
六、刺蛾 (217)
七、梨花蕾蛆 (219)
八、梨卷叶瘿蚊 (222)
九、梨圆蚧 (225)
十、康氏粉蚧 (227)
十一、梨二叉蚜 (228)
十二、梨网蝽 (230)
十三、山楂叶螨 (233)
十四、金龟子 (235)

第四节　梨树鸟害及生理性病害的防治 …………… (237)
　一、鸟害 ……………………………………………… (237)
　二、日灼病 …………………………………………… (239)
参考文献 ………………………………………………… (241)
附录一　梨园周年栽培管理农事历 ……………………… (242)
附录二　梨树常用农药的配制方法 ……………………… (244)
附录三　梨园常用农药使用浓度及安全间隔期 ………… (247)
附录四　中华人民共和国农业行业标准 ………………… (248)
附录五　黄花梨生产技术规程 …………………………… (256)

第一章 概 论

第一节 梨栽培历史及意义

梨是人类最早栽培的果树之一,被称为"百果之宗",我国是梨的重要起源地之一,是世界第一产梨大国。梨是我国仅次于苹果、柑橘之后的第三大水果,梨产量占我国水果总产量的1/5左右。

一、栽培历史

1. 我国是梨树的故乡,已有3 000多年的栽培历史

远在公元前1 000多年,我国劳动人民就把野生梨树驯化为栽培梨树,公元前10世纪《诗经·晨风》篇中,就有"山有苞棣,隰有树檖"的记载,陈启源注释"召之甘棠,秦之树檖,皆野梨也"。《周礼》中也曾谈到周代国王每年祭祀祖先宗庙时,都要以梨果作为重要祭祀品。公元前1世纪《史记》记载:"淮北荣南河济之间,千树梨,其人与千户侯等。"说明远在三千多年前黄河流域广大地区已经栽培梨树了。如今甘肃省敦煌梨园还有300年以上的梨树(图1-1)。

兰州还有300~500年干周3m以上的巨树(图1-2)。河北的蠡县、浙江龙游官潭乡的岑山梨园村也有百年以上的老梨树(图1-3)。全国各地有许多以梨命名的县、乡、村。

图1-1 甘肃省敦煌梨园(滕元文提供)

图1-2 兰州巨梨树(滕元文提供)

图1-3　浙江省龙游县官潭乡岑山梨园村老梨树

2. 悠久的栽培历史

我国劳动人民选择培育了绚丽多彩的梨树品种，在祖国辽阔的土地上，南起海南岛，北起黑龙江，东起沿海各省，西达新疆维吾尔自治区（以下简称新疆），到处都有蔚然成林的梨园和风味宜人的梨果。长期以来中国被称为"梨果之乡"。在国内梨主产区被命名为"中国梨乡"的有：北京市大兴区；山东省冠县；被称为"中国鸭梨之乡"的有：河北省辛集市、晋州市、定州市、宁晋县、魏县；河北省泊头市、山东省阳信县；被称为"中国雪花梨之乡"的有河北省赵县；被称为"中国酥梨之乡"的有：山西省隰县、河南省宁陵县、安徽省砀山县；被称为"中国苹果梨之乡"的有：内蒙古自治区（以下简称内蒙古）临河市、吉林省龙井市；被称为"中国黄花梨之乡"的有福建省建宁县；被称为"中国香梨之乡"的有新疆维吾尔自治区库尔勒市。新中国成立后特别是改革开放以来，我国梨产业得到了迅速发展。

3. 我国梨产业发展历史

我国梨产业发展大体分为3个阶段。第一阶段：新中国成立初期至改革开放前为起步发展阶段，梨树种植面积、梨产量由1952年的150万亩（15亩≈1hm^2。全书同）、40万吨发展到

1978年的460多万亩、160多万吨，梨单产由每亩267kg提高到351kg；第二阶段：1979—2000年为快速发展阶段，梨树面积突破1 500万亩，梨产量突破850万吨，分别比1979年增长了2.2倍和4.5倍，单产由1979年的每亩320kg提高到2000年的553kg；第三阶段：2001年至今进入稳定发展阶段，梨树种植面积增长速度减缓，2007年为1 607万亩，产量大幅度增长，达到1 289万吨，梨单产由2000年的553kg/亩提高到2007年的802kg/亩。2010年产量大幅度增长，达到1 426.3万吨；2014年为1 669.95万亩，产量达到1 850万吨，梨单产提高到1 107.8kg/亩，生产水平得到较大提高。

我国梨产业发展的前两个阶段基本是以扩大面积提高总产为主的外延式扩张，生产经营管理比较粗放；第三阶段开始走向以提高单产、优化区域布局为主的内涵式发展之路，果品质量明显提高。总体上说，我国梨产业现在正处于由粗放经营向集约经营转变的过程中，但地区间发展不平衡，差异较大。

二、我国梨在世界生产中的地位

1. 我国是世界栽培梨的三大起源中心（中国中心、中亚中心和近东中心）之一

我国梨种植范围较广，除海南省、港澳地区外其余各省（市、区）均有种植。我国梨产量约占世界总产量的2/3，出口量约占世界总出口量的1/6，中国梨在世界梨产业发展中有举足轻重的位置。我国梨产业在世界中占有重要位置。据联合国粮农组织（FAO）统计，1973年我国梨收获面积367.5万亩，超过苏联居世界首位，1977年我国梨总产量118.5万吨，超过意大利跃居世界第一位，成为世界产梨第一大国。2006年，我国梨收获面积和产量分别占世界的71.2%和61.4%，分别是其他各国总和的2.5倍和1.6倍。2009—2015年中国梨产量在

1 426.3万~1 850万吨,占全球梨产量的69%~76%,国内鲜销量占全球70%~77%,加工用量占全球加工量的50%~61%,出口量占全球出口量17%~28%,出口比例较少,有下降趋势(表1-1)。

2. 国外梨生产国家和地区

主要为欧盟、阿根廷、美国、南非,2014—2015年产量分别为241.0万吨、82.0万吨、72.4万吨、39.0万吨。进口量较多的国家有俄罗斯、巴西、欧盟、印尼和墨西哥,其进口量分别为27.5万吨、22.5万吨、22.0万吨、11.0万吨、9.0万吨;出口量最多的国家和地区为阿根廷、欧盟、中国、南非和美国,其出口量分别为43.0万吨、32.5万吨、32.0万吨、22.5万吨、15.0万吨。

表1-1 2009—2015年中国梨产量占全球梨产量的贸易情况

项目 年份	产量(万吨)			国内鲜销			加工用			出口量		
	全球	中国	比例	全球	中国	比例	全球	中国	比例	全球	中国	比例
2009—2010	2054.9	1426.3	0.69	1821.4	1269.1	0.70	222.5	110.2	0.50	170.8	47.0	0.28
2010—2011	2102.7	1505.7	0.72	1892.2	1351.4	0.71	205.9	112.0	0.54	172.5	42.3	0.25
2011—2012	2236.2	1580.0	0.71	1966.4	1411.9	0.72	253.1	126.4	0.50	181.2	41.9	0.23
2012—2013	2259.9	1700.0	0.75	2012.4	1524.3	0.76	237.5	135.0	0.57	174.9	40.9	0.23
2013—2014	2325.0	1730.0	0.74	2056.9	1550.6	0.75	249.1	150.0	0.60	174.8	29.9	0.17
2014—2015	2441.1	1850.0	0.76	2151.0	1653.6	0.77	268.3	165.0	0.61	162.2	32.0	0.20

注:据《中国果业信息》2015年第6期

3. 中国是梨净出口国,出口量远大于进口量,进口梨主要为西洋梨

近几年出口量有所减少,但出口额增加(图1-4),主要因为出口梨均价大幅度上涨,达1.18美元/kg,出口加拿大梨最高价格达1.54美元/kg。2006年梨出口量居世界第一位的是阿根廷,我国居第二位,荷兰、比利时分别位居第三、第四位,但以

转口贸易为主。国际市场梨进出口贸易呈明显的区域性格局,美国出产的梨主要出口到墨西哥、加拿大、巴西市场;欧盟主产国面向欧洲市场且供不应求;南美阿根廷、智利出产的梨主要出口到欧盟和美国;我国则主要出口到俄罗斯、东南亚和供应我国港澳地区。

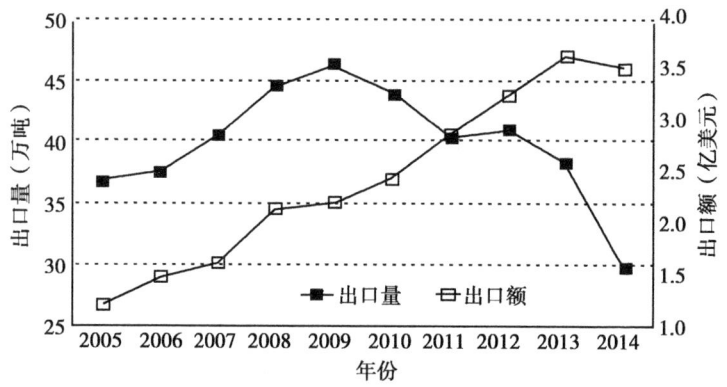

图1-4 2005—2014年我国出口梨数量与金额变化

(据《中国果业信息》2015年第7期)

三、梨生产价值

1. 营养价值

梨的营养价值较高。梨的果肉除含有丰富的果浆、葡萄糖和苹果酸等有机酸外,还含有果胶、蛋白质、脂肪、钙、铁、磷及胡萝卜素、维生素 B_1、维生素 B_2、尼克酸、抗坏血酸等多种维生素。新鲜的梨含水量达83%,热量比苹果稍低,其热量主要来源是碳水化合物。据测定,每100g新鲜梨果肉中含蛋白质0.1~0.28g,脂肪0.1g,总糖8~9g,酸0.26g,粗纤维1.3g,钙7.2mg、磷6mg、铁0.2mg及尼克酸0.2mg、抗坏血酸3mg,

胡萝卜素、维生素 B_1、维生素 B_2 各 0.1mg。还含有人体必需的 8 种氨基酸。

梨果全身是宝，还有保健作用。梨果有生津、润燥、清热、化痰等功效，适用于热病伤津烦渴、消渴症、热咳、痰热惊狂、噎膈、口渴失音、眼赤肿痛、消化不良。梨果皮有清心、润肺、降火、生津、滋肾、补阴功效。根、枝叶、花有润肺、消痰、清热、解毒之功效。梨籽含有木质素，是一种不可溶纤维，能在肠子中溶解，形成像胶质的薄膜，能在肠子中与胆固醇结合而排出。梨籽含有硼可以预防妇女骨质疏松症。硼充足时，记忆力、注意力、心智敏锐度会提高。因其鲜嫩多汁，酸甜适口，所以又有"天然矿泉水"之称。由此可见，梨果不仅营养丰富，而且具有一定的保健作用，对人体健康有益。果品对人们的健康与疾病防治发挥着越来越重要的作用。

食用功效：梨味甘微酸、性凉，入肺、胃经；具有生津，润燥，清热，化痰，解酒的作用；用于热病伤阴或阴虚所致的干咳、口渴、便秘等症，也可用于内热所致的烦渴、咳喘、痰黄等症。

2. 经济价值

梨树对土壤的适应能力很强，不论山地、丘陵、沙荒、洼地、盐碱地和红壤，都能生长结果。在一般栽培管理条件下，可获得高产量。梨树寿命长，经济利用年限长。中国南北各地梨区有很多百年以上的大树，如辽宁葫芦岛市建昌县养马甸子乡迥流水村有 500 岁梨树开花：多根红绸加身，鲜花压满枝头（图1-5）。韦连军管理的这棵"千年老梨王"树主干粗需 3 个人手拉手才能合拢，主干高约 1m，在东西南北四方各长出 4 根主枝，树冠直径超过 40m。这棵树从来都不用人工施肥，正常年份产量都在 3 000kg 左右，经过鉴定，"千年老梨王"的树龄在 500 年左右。村里有 27 棵年龄相近的梨树（北国网、《辽沈晚报》驻葫芦岛记者胡清文摄于2014年04月21日)。安徽省南北的梨区还有100~150年的大梨树,仍然枝叶茂盛、结果累累,单株产量高达800~1 000kg,最高单株产量可达1 500kg以上。如浙江龙游县东华街道上杨村朱瑞生家的梨园,2007年冬移植15年生黄花梨大树,第二年株产达14.74kg,亩产量2 081.28kg;2010年经验收,面积1.19亩,行株距2.25m×2.10m,亩栽141.2株,平均单株果数196只,单果重254.5g,平均株产49.53kg,亩产达6 993.64kg,平均销售价格2.18元/kg,计亩产值达15 246.13元,成为当地梨高产"状元",达到梨大树移栽、密植高产高效,取得了很好的经济效益。梨果除鲜销外,还可用于加工制作梨汁、梨干、梨脯、罐头等,增加附加值。梨木木材坚硬、纹理细密可供雕刻或做面板,枝条可作食用菌的原料。因此,梨成为我国许多梨主产区农民增收、农业增效的主要产业。

图1-5　辽宁葫芦岛市500岁梨王开花

3. 社会生态价值

梨产业成为很多地区农村经济的支柱产业。如河北省是我国产梨第一大省,2007年梨产量达到345.9万吨,约占我国梨总产量的26.8%;安徽省栽培面积55万亩,其中砀山酥梨面积最大约30万亩;浙江省梨面积35万亩,产量达39万吨。发展梨产业对丰富城乡市场果品供应、促进农民持续增收、农业可持续发展具有重要意义。梨树不但有很高的经济效益，还有良好的生态环境效益，梨树较强的环境适应性，可以绿化荒山、沙坡、滩地，能增加种植户收入、改善生态环境，同时能够满足人们生态旅游需要。开展集观光旅游、休闲娱乐、亲情采摘及科普教育于一体的活动，达到果树经济效益、社会效益和生态效益的共赢。

第二节　梨的分布与生产现状

一、梨种类与种植区域分布

梨属是蔷薇科、梨亚科、梨属植物，共约有 35 个种，世界上主要栽培的有秋子梨、白梨、砂梨和西洋梨 4 个种系。世界上栽培的梨分两大类，即产于欧洲、北美、南美、非洲、大洋洲的西洋梨和产于中国、日本、韩国的东方梨，全世界共有 76 个国家栽培梨树。

我国栽培有秋子梨、白梨、砂梨和西洋梨这 4 个种系，大量栽培的品种有 100 多个。秋子梨分布在华北及东北各省，果实圆形或扁圆形，优良品种有辽宁的南果梨、北京的京白梨、花盖等；白梨主要分布于华北地区，果实为倒卵形，如河北的鸭梨、雪花梨、山东莱阳的慈梨、库尔勒香梨、金花梨等；砂梨分布在长江流域和淮河流域，果实近圆形，果皮绿色或褐色，有安徽砀山梨、苍溪雪梨、云南宝珠梨、黄花梨、中梨 1 号、翠冠和从日、韩引进的丰水、新高、黄金梨等；西洋梨在山东烟台与辽宁大连引进栽培较多，果实瓢形或圆形，熟后果肉脆嫩多汁、石细胞少、香味浓，西洋梨从欧、美引进，如巴梨、康佛伦斯、红安久等品种。

我国梨品种和熟期结构：20 世纪 90 年代以来，一批早中熟品种特别是长江流域早熟品种的推广应用,优化了梨的熟期结构,目前我国早、中、晚熟梨的比例已由1994年的7:23:70调整到2006年的20:28:52,熟期结构趋向合理。

二、生态适宜区与主要产区

我国幅员辽阔、梨种植范围较广,在长期的自然选择和生产发展过程中,逐渐形成了四大产区:即环渤海(辽、冀、京、津、鲁)秋子梨、白梨产区,西部地区(新、甘、陕、滇)白梨产区,黄河故道(豫、皖、苏)白梨、砂梨产区,长江流域(川、渝、鄂、浙)砂梨产区。亚洲梨主要栽培系统的分布见图1-6。

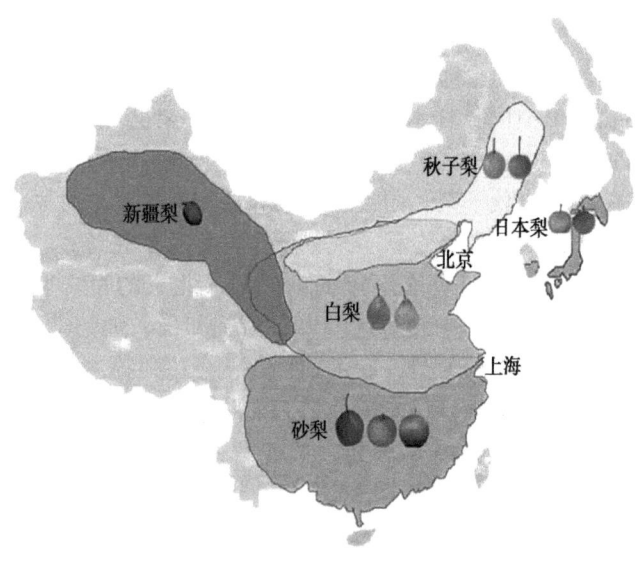

图1-6 亚洲梨主要栽培系统的分布(滕元文提供)

三、生产现状

梨是我国五大水果之一,产量位居苹果、柑橘之后的第三位。近10年来产量呈稳定增长趋势(图1-7)。全国2014年梨种植面积为1 669.95万亩,总产量达到1 850万吨,梨单产为1 107.8kg/亩。2008年我国梨平均单产为724.7kg/亩,而世界先进国家阿根廷和美国的前10年平均单产分别为1 925.9kg/亩和2 220.1kg/亩,同是东方梨日本和韩国的单产是我国的1.8倍和2.4倍,与世界先进国家比差距仍较大。可见通过品种更新和新技术、新栽培模式的推广应用,有很大的提升空间。河北省是我国产梨第一大省,2007年梨产量达到345.9万吨,约占我国梨总产量26.8%,其次为山东、安徽、四川、辽宁、河南、陕西、江苏、湖北、新疆等省区。据2013年浙江省龙游县对梨主产区农户抽样调查分析,典型户平均亩产为2 092kg,而全县平均1 535kg,不同农户之间差异较大。

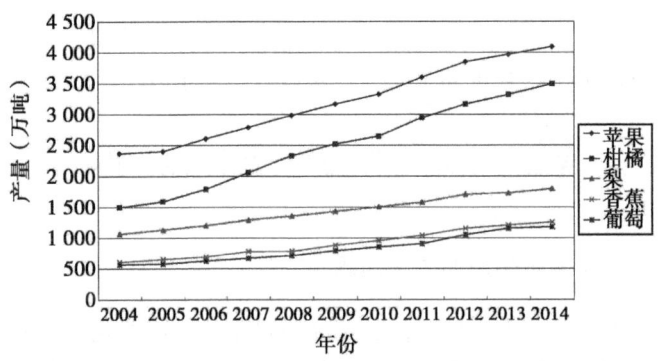

图1-7 我国五大水果近10年产量变化

梨规模生产现状。据周应恒等研究,1978—2008年我国梨生产格局变动呈从集中走向分散的趋势,即呈梨生产区域集中度降低的趋势。2008年处于梨生产显著规模比较优势区域的有北京、河北、辽宁和新疆4个；处于较强规模比较优势区域的有陕西、甘肃、浙江、重庆、福建、贵州、四川、山西、云南、天津共10个；处于较弱规模比较劣势区域的有江西、上海、江苏、湖北、山东、安徽、湖南共7个。随着城市化和工业化的发展，耕地面积不断减少，土地与劳动力的机会成本不断上升，推动了梨产地生产格局的调整。在沿海经济较发达的省份推行"一乡一品"和"一村一品"，使梨生产基地向区域化、规模化、专业化发展。充分利用果树区划成果，发挥自然资源、政府政策、市场网络、技术力量，通过专业大户和家庭农场，实现梨生产适度规模经营，促进产业的健康发展。

国内鲜梨市场供应充足，丰年有余，如2007年全国梨总产量的96.6%供应国内消费，鲜梨人均占有量8.9kg（按13.5亿人口计算），为世界水平的2.9倍。随着人们生活水平的提高，消费者对梨质量要求不断提高，外观漂亮、色泽鲜美、口味脆香的优质鲜梨受到消费者青睐，特色梨和名、优、新品种梨供不应求。同时，梨的营养保健价值被越来越多的人所认识，市场对梨汁、梨罐头、梨膏等加工品的需求也在不断上升。

第三节 现代梨生产问题及发展对策

一、我国梨生产的主要问题

我国梨存在着种植分散、产品质量不高、产业化水平较低等问题，需要优化区域布局，调整品种结构，提升梨产业的市场竞争能力。

1. 品种结构不合理，区划化程度低

品种结构不合理是制约我国梨产业发展的重要因素。改革开放初期主要发展丰产优质的晚熟耐贮品种，安徽砀山酥梨、鸭梨、雪花梨3个品种的栽培面积占梨总面积的70%以上，造成阶段性供过于求的局面。1994年我国早、中、晚熟梨的比例为7：23：70；2006年调整到20：28：52，由于种植分散局部区域布局不合理与市场需求问题还需进一步进行品种结构调整，使梨品种熟期结构逐步趋向合理。尽管我国已初步形成了具有特色的四大传统梨产区，但种植分散，跨区盲目引种问题仍很突出，造成部分产区产量低、产品质量不高、销路不畅。目前，世界梨各主产区基本集中在北纬35°~45°，是最佳适宜纬度，而我国梨生产分散，跨度在北纬23°~45°，优势区域十分不明显。有些农户盲目追求发展新品种，品种选择不考虑其适应性，在不适宜的区域种植新品种，很难生产优质果实。各省市应搞好品种区域规划、生产基地重点向优势区域转移，形成有特色、竞争力强、优质高效的产业基地。

2. 果园管理水平低，果实品质差

梨栽培管理水平参差不齐，生产管理水平落后，果品产量与质量相差悬殊。如我国各省市县产区都有高产优质高效的典型，但多数梨园栽培管理粗放、标准化生产水平低。如整形修剪不合理、疏花疏果少，病虫防治不及时、施肥灌水不合理等，这些直接影响了单产和品质提高。产品质量水平不高。我国梨质量总体水平与国外有较大差距。外观品质表现为果实整齐度不一、果实偏小、果形不正、色泽差；内在质量表现为果肉偏粗、石细胞稍多。

3. 果实商品化水平低，贮藏保鲜能力弱

我国梨采后商品化处理水平很低，除外贸出口和有实力经营企业进行果实采后加工处理外，多数果实不经商品化处理就直接上市，造成外观品质差、货架期短、缺乏竞争力。2014年我国梨果国内鲜销占总产量的89.38%，用于加工的占8.92%，外贸出口的占1.73%。梨的产业化处于起步阶段，近年来贮藏能力发展较快，2006年全国藏量360多万吨，较20世纪70年代的少量贮藏有较快的发展，但仍以窖贮、窑藏为主，现代化的冷藏和气调贮藏较少。梨贮藏加工和外贸出口还有很大的潜力，现代化果实分选及采后处理技术有待普及推广。

4. 梨产业化水平低，果品营销能力差

现阶段我国梨生产多数是家庭承包、分散经营，组织化程度很低，抵御自然灾害和市场风险的能力差，影响产业发展。当务之急是要将分散经营的农户组织起来，提供组织化程度，规范生产管理，统一技术规程，统一质量标准，统一品牌销售。使产品上规模、上水平、增强市场竞争力。增强梨产业协会的产销预测和行业自律能力，建立市场准入和价格保障机制，创造知名品牌，解决梨生产与销售两难的问题。开拓国内外梨果销售市场，不断提高科技水平和经济效益。

二、发展思路和对策

发展思路以科学发展观为指导，以市场需求为导向，以科技为支撑，进一步优化产业结构和品种布局，稳定面积、提高单产、提高品质、扩大出口，提升我国梨产业水平和国际竞争能力。我国梨产业发展应采取以下对策。

1. 加强品种结构调整和优势区域化建设

根据梨产业的地区间转移的趋势，西方国家的西洋梨栽培面积将逐步下降，东亚地区特别是中国东方梨的栽培面积逐渐趋于稳定，中国要更加重视出口和加工，调整品种结构，发展特性化品种，填补西方世界的西洋梨产品的市场缺口。加大对优质梨和优势产区的扶持力度。综合运用经济、行政等手段，采取优惠税收、信贷扶持等相应的支持政策，支持梨优势区域和特色梨生产基地建设；加大对梨种质资源保护、良种选育、出口梨生产基地的投入，支持、鼓励、引导企业到优势区域建立加工基地。制定有利于扩大梨出口的对外贸易政策，扶持精品、名品生产。

2. 提高梨生产的科技含量，加大对科技创新的支持力度

加强科技攻关，加快开发新品种、新技术和新工艺，为梨产业发展提供技术储备；加大科技成果的推广力度，促进科技成果的转化；加强技术培训和指导，提高果农的综合素质及果园管理和产后处理及营销的技术水平。培育具有自主知识产权的特色优良品种和抗病免疫的新品种，积极引进国外先进技术，加快新品种、新技术示范推广；加强对危险性病虫害的防治，推广无公害标准化生产技术，加强采后加工技术的研究与应用，提高产业整体发展能力。实施高品质栽培，采取技术的简单化、机械化和自动化来应对劳动力成本上涨的瓶颈问题。

3. 加强梨果品安全生产，强化苗木和果品质量管理

进一步加强对苗木、果品生产、流通和市场的管理，制定或修订苗木、生产技术规程和与国际市场相适应的梨质量分级标准，加快标准实施步伐，建立健全与国际接轨的果品质量认证制度，推进优质优价。加强梨果三品认证和质量安全生产，特别是GAP认证是防止贸易壁垒的有效途径。组织农户实施标准化生产，推广果实套袋、病虫绿色防控的无害化栽培，生产安全绿色果品。在搞好病虫预测预报的基础上，选用高效、低毒、低残留、选择性强的农药，减少农药对果实、环境的污染与人体健康的为害。

4. 推进产业化进程

扶持培育龙头企业，支持科研机构与企业联合研发新产品、改革新工艺，大力发展"公司+农户（基地）"的产业化经营模式，推进订单生产；发挥果树协会的作用，由农户、果品经销商、技术部门组织利益共享体，实现统一技术培训、统一生产管理、统一质量标准、统一品牌销售，以解决大市场与小生产的矛

盾。防止质量不一、竞相压价的不良现象。实施品牌战略,达到维护市场信誉、增加经济效益的目的。加强产后商品化处理,推行机械选果,提高梨分等分级和包装上市率,推广产地节能保鲜配套技术,使梨果贮藏量达总产量的30%~40%,发展梨深加工,增加产品附加值,加工量占梨总产量的20%~30%;加强梨出口基地建设,提高产品质量,扩大出口数量,提高出口创汇能力。

第二章 梨树生物学特性

第一节 植物学特性

一、根

(一) 根系结构与分布

梨的根系发达,有明显的主根,主根上分生侧根,垂直或水平伸长,侧根上分生须根。经济栽培梨树都通过实生砧木苗嫁接而来,所以梨树的根系均为实生根系,具有发达、活力强等特点。根系根据其在土壤中的分布特点可分为主根、侧根和须根3种(图2-1)。

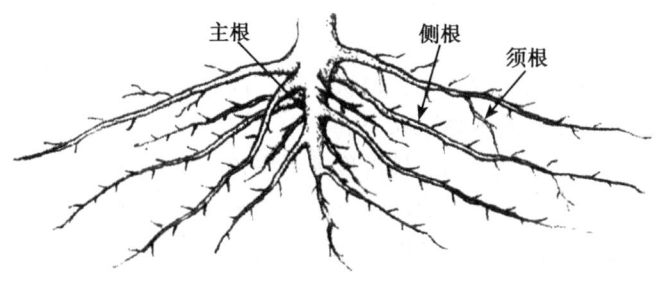

图2-1 梨树根系分布

1. 主根

由胚根发育而成。幼龄梨树定植后开始主根生长较快,达到一定深度后开始缓慢,待到一定的树龄后主根失去功能,由侧根向下生长的大根替代,主要是起固定作用。

2. 侧根

由主根上分生而成的较大的根;主根缓慢生长后侧根则强势生长,一方面水平外延,一方面向下生长代替主根,侧根群主要集中在树冠范围内,土深15~45cm的土层中。主要也是起树体的固定作用。

3. 须根

生长在侧根上的纤细根系。主要功能是吸收土壤中的肥料、水分、矿质营养和有机物质、物质的转化和贮运、合成激素等。

梨树根系的分布状况,受砧木、品种、土质、土层深浅、地下水位、地势、栽培管理的影响。梨垂直根的生长比较粗壮发达,侧根则较少。根系的再生能力较强,并易产生根蘖,一般情况下梨树根系的垂直分布,集中在20~60cm深的土层内,最深可达3m。水平分布一般为冠幅的2倍左右。树体本身的有机养分、栽培技术管理等也是影响根系生长的关键因素。

(二) 根系生长习性

梨树根系生长年周期中有两次生长高峰。春季根系的生长早于枝梢,与新梢生长和果实发育呈消长关系,第一高峰期即新梢停止生长时,此时根系生长最快;第二高峰在果实采收后,落叶后逐渐停止生长进入休眠状态。

梨树根系的生长与土壤温度关系密切,早春当土壤温度升到0.4~0.5℃时根系开始活动;土温升到4~5℃时开始生长;根系生长适宜的土温是20~21℃,此时生长速度最快,但超过30℃或低于0℃时则停止生长。

土壤营养条件、含水量、通透性都与梨树根系生长有密切关系,一般情况下,根总是向多肥的地方发展快,肥沃的土壤根系发达、细根密、活动时间长。土壤含水量在田间持水量的

60%~80%时根系活动最旺盛,当田间持水量低于40%时根系停止生长;当土壤含水量过高或经常漫水时容易造成根系死亡。土质疏松、通气情况良好的土壤也有利于根系的生长和发育。

二、芽

梨芽属晚熟性芽,均为单芽,一般外形瘦小的是叶芽,萌发后抽生新梢,外形肥胖的是花芽,花芽为混合芽,梨树混合芽大多着生在中、短枝的顶部,而叶芽多腋生。

梨芽均为单芽,依芽的性质分为叶芽和花芽两种(图2-2)。

图2-2 梨芽

1. 叶芽

只能抽枝长叶的芽,依其着生部位不同可分为顶芽和腋芽两种。

(1)顶芽。着生于枝条顶端,芽较大较圆,成年树横生枝条短枝上的顶芽较饱满,随着枝条长度加长,其饱满度下降;幼龄树直立长枝顶芽饱满粗大;幼树长枝的顶芽萌芽力和成枝率均较强,如不加以整形修剪,极易造成内膛空虚。

(2)腋芽。着生于枝条叶腋间,同一枝条上不同节位上的腋芽其饱满度、萌芽力、成枝率和生长势均有很大差异。一般枝条基部的芽芽眼小,质量差,萌芽后叶片小;枝条中部的芽质量最好,萌芽力和成枝率都较高,中部以上的芽由于发育时间过短,营养不足,质量也较差,常隐埋在枝条基部环痕处成为潜伏芽(盲芽),一般情况下不会萌发,受刺激后才能萌发,对老树的更新复壮有重要意义。

梨芽不具备早熟性,当年生枝条上不会抽生二次枝,梨叶芽的萌发力较强,但成枝率不高,所以幼龄树常需通过拉枝才能形成理想树冠。梨芽为单芽,同一芽眼不具备再生能力。

2. 花芽

梨花芽为混合芽,花苞内含花原基和叶原基,萌芽后既能开花结果又能抽枝长叶,梨花芽较叶芽肥大圆钝,依着生部位不同可分为顶花芽和腋花芽两种(图2-3)。

图2-3 梨芽萌发

(1)顶花芽。着生于枝条顶部的花芽,是梨树的主要结果花芽;梨的结果以短果枝为主,特别是成年老树,更是以丛状短果枝群结果为主，短果枝中尤以顶花芽最佳，它在结果的过程中既能保证果实的正常发育，又能继续抽生短果枝，保证第二年花量，达到连年丰产的目的。

（2）腋花芽。着生于枝条侧面叶腋间的花芽，一般初结果树及树冠的中上部枝较多。

梨花芽的分化时间较早，一般5月上旬谢花后幼果开始发育时即开始花芽分化，到9月中下旬大部分花芽分化完成。

三、枝

梨大多数品种的干性较强，枝条分枝角度小，幼树期常表现为紧密型的圆锥形树冠，骨干枝尖削度比较小，盛果期后树冠易开张下垂。梨树新梢自萌芽起即开始生长，一般只有一次加长生长，落花15天左右，是梨树新梢生长的最快时期，除先端数芽可萌发抽成长枝外，其余的芽多数萌发成中短枝，梨树的长枝有春梢、夏梢之分，无秋梢。梨树生长枝按生长状况可分为徒长枝（生长量大、节间长、不充实）、长枝（>30cm）、中枝（5~30cm）、短枝（<5cm），一般短枝、中枝易形成花芽。梨树中、短枝加粗生长与加长生长是同时进行的，生长停止后还能继续增粗。而长枝加粗生长与加长生长却是交替进行。和苹果树比，梨树的大部分品种萌芽率高，而成枝力较低，顶端优势强，隐芽寿命更长。

梨枝条依性质可分为生长枝和结果枝两种，凡无花芽形成的枝条为生长枝，具有花芽的枝为结果枝。幼树成形结果前抽生的枝条均为生长枝，构成树形的骨架统称为骨架枝，包括主干、主枝、一级、二级副主枝、营养枝组等。营养枝组根据长短分为普通营养枝：长30~60cm，组织充实，叶芽饱满；徒长枝：长100cm以上，节间长，组织不充实，芽较小；纤细枝：30cm以下，枝体纤细，叶芽充实。结果枝根据枝条长短可分为长果枝：

枝长 30cm 以上，顶芽和枝条先端附近的芽均为花芽，枝条下半部的叶芽第二年可转换成短果枝，是初果树的主要结果枝；中果枝：枝长 5～30cm，顶芽及附近腋芽为花芽，中下部有明显叶芽；短果枝：枝长 5cm 以下，唯顶芽为花芽。

梨枝梢和生长特性有：①顶端优势。活跃的顶部分生组织常常抑制其下部腋芽的生长发育。在树体上表现为，枝梢上部或顶芽常能抽发强枝，其下部生长势逐渐减弱，最下部的芽甚至出现休眠状态。②垂直优势。枝条和芽的着生方位不同，生长势不同，直立生长的枝条生长势旺盛，接近水平和下垂的枝条生长短而弱，弯曲枝条弯曲部位向上的芽生长势比顶芽强。③树冠的层性。顶端优势和垂直优势共同作用的结果，使主枝在主干上的分布呈层状。

梨树的花芽因是混合芽，萌发后一般能开 3～9 朵花，同时能抽发极短的新梢形成短果枝，短果枝由于营养的累积和刺激逐渐肥大而形成果台，果台上短果枝经连续多年分叉而形成集生短果枝群，所以果台修剪是梨树疏蕾最为有效的方法。

四、叶

梨叶片的生长是从叶原基出现开始，经叶片、叶柄和叶托的分化，直到叶芽萌发、展叶、叶片停止增大、最后叶片脱落为止。大部分梨的叶片初展时为红褐色、黄褐色和浅绿色，随着叶片的逐步增大而颜色也逐渐加深，待叶片停止增大时变为绿色。

叶片是梨树进行光合作用制造有机养分的主要器官，树体内 90% 的干物质是由叶片合成的。叶片还具有呼吸、蒸腾、吸收、贮藏等功能。

叶片对梨树的优质、高产、稳产具有重要意义，叶幕是指叶片在树冠内的集中分布，叶片在整个树冠内的分布是否合理，有效叶幕层是其衡量的重要依据，指数越高，说明树冠结构越合理,越易获得优质高产。

果实的发育需要一定数量的叶片辅养,一般每一果实需25~30片正常叶片,丰产梨园应在花后一个月全树叶面积达到70%,花后两个月全树叶片全部长成。

品种不同,单叶叶面积大小不同,砂梨系叶面积最大,白梨系次之,秋子梨和西洋梨最小,同一品种中枝梢类型不同,叶面积大小不一,一般长梢面积最大、中梢次之、短梢最小。

五、花

梨花为伞形花序,在同一花序中外围花先开放,中心花后开(图2-4),花托杯状,子房下位。每一花序着生3~9朵花,每朵花有花瓣5~6片,白色离生,雄蕊20~30枚,心室5个,柱头分裂4~5条,萼片5枚,呈三角形。

图2-4 梨初花期

梨开花需10℃以上的气温,气温低,湿度大,开花慢,花期长。气候干燥,阳光充足,则开花快,花期短。气温升到15℃以上,开花正常顺利,花期整齐一致(图2-5)。

梨开花的迟早及花期的长短,因品种、气候、土壤、管理不

图 2-5 梨盛花期

同而异，同一品种由于不同年份的气候差异，花期差异也会较大，但不同年份各不同品种间的花期迟早仍相对一致，如目前生产上应用较多的品种中，黄花、翠冠、脆绿、清香、新雅等属早花类；新世纪、西子绿、幸水、丰水属中花类；晚三吉属迟花类。

梨花的形成与梨树养分的积累，树体激素的平衡关系，外部和环境条件等诸多因子密切相关。一般梨树在春季开花，但夏秋季出现干旱，病虫为害，提前落叶等都会出现秋季开花现象，这与细胞分裂素、脱落酸等激素作用有关，出现这种情况将会严重影响第二年的产量和品质，生产上应采取相应措施加以控制。

梨属自花不实树种，单品种种植难以丰产，栽培时必须配置授粉树。梨在年周期中一般有3次生理落果现象，第一次出现在落花后，第二次在第一次后的一周左右，第三次在第二次落果后的两周左右，约在5月上旬发生。第一、第二次主要是授粉、受精不良而引起，第三次落果与授粉有一定的关系，但主要原因是肥水供应不足或夏梢生长过量，营养生长与生殖生长失衡所造成。

六、果实

梨果实为假果,由 5 个合生心皮、下位子房与花筒一起发育而成,外面肉质可食部分是原来的花筒发育,而外、中果皮和长筒之间界线不明显,内果皮坚韧故较明显,常分隔为 5 室,每室含 2 粒种子。

早熟品种梨的果实发育期一般为 3 个半月至 4 个月。根据果实的生长发育规律,一般可分为 3 个时期。

1. 果实快速增质期

此期从授粉受精子房开始增大开始到种子出现胚胎为止。此期主要是梨果胚胎和果心细胞快速进行分裂,使果实细胞急剧增加,果实大幅增质而膨大较快。这时果实质地坚硬。

2. 果实缓慢增大期

此期从胚胎出现到种子发育基本完成为止。这一时期主要是胚胎迅速发育增大,并吸收胚乳逐渐充满种皮内空间,而此时的果肉和果心部分体积增加缓慢,外观变化不明显,属缓慢增大期。

3. 果实迅速膨大期

此期从种子胚胎基本发育完成到果实成熟为止。此期主要是果肉细胞大量吸水使体积迅速增长和细胞间隙容积膨大,使果重量也迅速增加,这一时期各品种果实发育显出应有特性,果实内部胶原物质溶解,使果实变松变脆,同化产物大量积累,使果实变甜。这一时期的科学管理对提高梨果的品质具有十分重要的意义。

七、结果习性

梨花芽较易形成,梨的结果枝可分长果枝、中果枝、短果枝和腋花芽枝 4 种不同的类型。成年梨树以短果枝结果为主,仅生长旺盛的西洋梨和部分砂梨品种有一部分中、长果枝。花芽是混合芽,顶生或侧生。结果新梢极短,开花结果后,结果新梢膨大形成果台,其上产生果台副梢1~3个,条件良好时,可连续形成花芽结果,但经常需在结果的第二年才能再次形成花芽。果台副梢经多次分枝成短果枝群,一个短果枝群可维持结实能力2~6年,长的可达10年,因品种和树体营养等条件而异。梨的自花结实率多数很低,因而要配置授粉品种。

八、梨树主要物候期

我国幅员辽阔,从北到南气候差异大,形成了许多不同的果树带,梨主要分布在温带落叶果树带以北。各产区分布着不同的梨品种群,在栽培区域内从北到南依次为秋子梨、白梨、砂梨和西洋梨为主。各地主要品种的物候期如表2-1。

第二节 梨树生命和生长周期

一、果树生命周期

梨树是多年生植物,一经种植,可以连续几年、几十年甚至上百年生产果实。我国最老的梨树有500多年。果树的一生,是经过生长、结果、衰老的过程,这个过程包括果树从生到死全部的生命活动,因此,称为果树的生命周期。

因繁殖方法不同,可分为实生树和营养繁殖树。实生树从种子播种,到生长、结果、衰老、死亡,具有完整的生长发育史,也就是生命周期。实生果树繁殖困难、果实品质容易退化,所以生产上应用营养繁殖为多。营养繁殖果树是采用扦插、压条、嫁接、分株等方式培育的树,可以很好地保持品种的优良特性,因而在果树生产上应用广泛。

第二章　梨树生物学特性

表2-1　不同地区梨主要品种物候期（日/月）

地区	品种	芽萌动期	初花期	盛花期	落花期	果实成熟期	落叶期	备注
辽宁兴城	京白	17~19/4	6~9/5	8~13/5	13~17/5	12~23/9	31/10~19/11	秋子梨
辽宁兴城	秋子	14~24/4	7~8/5	9~11/5	12~17/5	21~26/9	25/10~4/11	
辽宁兴城	安梨	7~17/4	30/4~4/5	3~7/5	9~11/5	8~13/10	6~15/11	
辽宁兴城	鸭梨	10~28/4	6~10/5	9~13/5	12~16/5	27/9~5/10	2~12/11	白梨
辽宁兴城	秋白	10~29/4	7~10/5	7~12/5	13~15/5	29/9~5/10	2~12/11	
辽宁兴城	慈梨	13~26/4	7~9/5	11~13/5	13~15/5	29/9~9/10	28/10~8/11	
辽宁兴城	苹果梨	20~22/4	8~9/5	9~12/5	16/5	10月上旬	22/10~9/11	砂梨
辽宁兴城	明月	13~28/4	7~9/5	11~14/5	14~19/5	14~25/9	23/10~5/11	
辽宁兴城	二十世纪	13~26/4	10~13/5	13~15/5	15~18/5	9月上旬	25/10~4/11	
辽宁兴城	巴梨	17~26/4	11~16/5	13~16/5	17~18/5	9月中下旬	6~16/11	西洋梨
辽宁兴城	三季梨	16~26/4	13/5	16/5	21/5	9月中旬	26/10~14/11	
冀中南	鸭梨	3月中旬	4月上旬	4月上中旬	4月中旬	9月中旬	10下至11下	白梨
安徽砀山	砀山酥梨	3月中旬	4月上旬	4月上中旬	4月中旬	9月上旬	12月上旬	
浙江杭州	黄花梨	3月上旬	3月中旬	3月下旬	4月上旬	8月下旬	11月下旬	砂梨
浙江杭州	翠冠	3月中旬	3月下旬	4月上旬	4月中旬	7月下旬	11月中下旬	
浙江龙游	黄花梨	18/2~10/3	15/3~2/4	20/3~6/4	23/3~8/4	5~15/8	11月下旬	砂梨
福建建宁	黄花梨	24/2	8/3	10~15/3	21/3	20~22/7	30/11	2002年

注：资料来源《中国果树栽培学》兴城1950—1957年，龙游2005—2012年观察数据

果树的生命周期（果树的年龄时期）。按果树生长时期和结果时期的明显转化，把多年生果树的一生划分为幼树期、初果期、盛果期和衰老期4个年龄时期。

1. 幼树期

幼树期也称营养生长期。指从果树成品苗定植到第一次开花结果的这段时期。随着大砧木嫁接、早果丰产等栽培技术的广泛采用，幼树期已大大缩短。如梨树定植后2~3年就可挂果。

幼树期的树体生长旺盛，在一年中的生长期较长，进入休眠的时间延迟。树体上的枝条多趋向于直立生长，生长量大，节间较长，组织不充实，越冬性差。因此，要通过秋季控制浇水等措施，保护幼树安全越冬。幼树期生长的枝条多为长枝，短枝很少。树体管理工作，主要是进行定干和整形修剪，选留培养好各级骨干枝，形成合理的树体结构。这一时期要加强水肥管理，促进幼树生长，尽快扩大营养面积，培养健壮的树体。

2. 初果期

初果期也称生长结果期，是指果树从第一次开始开花结果到大量结果之前的时期。梨的初果期为3~5年，第一次开花结果后，2~3年内很快进入盛果期。

果树刚挂果时，结果量较少，果树仍然以营养生长为主，树冠、根系继续扩大，用以形成高大的树体。随着结果量的迅速增加，树枝向外的生长减慢，各级骨干枝周围的侧生枝生长加强，树体逐步达到最大营养面积。这一时期的树冠中，长枝比例下降，中、短枝比例增加。初果期的果树，产量逐年上升、果实品质逐渐提高。这一时期要继续进行整形修剪，培养二级、三级主枝，逐步清理改造辅养枝，建造树体结构，缓和果树生长势，以增加花芽数量，促进果树及早转入盛果期。

3. 盛果期

盛果期也称大量结果期，是指梨树从大量结果到产量明显下

第二章 梨树生物学特性

降的时期。盛果期持续时间的长短，因树种不同和栽培管理水平不同有较大的差异。同一种果树，如果栽培管理精细，水肥管理及时、合理，可以有效延长盛果期的时间。

盛果期的树，枝条向外延长的生长基本停止，树冠达到了最大，产量和果实品质都达到了生命周期中的最高峰，果实产量最高，品质最好。枝条的新梢生长缓慢，花芽大量形成，中、短果枝比例加大。盛果期的树，生长和结果的关系容易失去平衡，修剪和肥水管理等措施不当，容易出现大小年结果的现象。因此，在栽培管理中，盛果期的树主要是采取修剪措施，处理好生长与结果的关系。控制一定的果实产量，加强肥水管理，既能保证树体健壮生长，又能实现优质、高产、稳产，达到延长盛果期的目标。

4. 衰老期

衰老期是指果树从果实的产量和品质明显下降到树体枯死的这段时期。衰老期的树，骨干枝先端逐渐枯死，枝条向外的生长停止，树体内部的枝条生长逐步加强。产量和果实品质明显下降。

进入衰老期的果树，可以进行骨干枝的更新复壮，以延长结果期。但是，如果果园的经营收入降低到入不敷出时，果园就失去了经济价值，这种状况下需要砍伐老树，重新建植果园。

二、梨树生长周期

果树在一年中，随着外界气候条件的变化，出现的一系列生理与形态特征变化的过程，称为果树的年生长周期，简称为年周期。在年周期中，果树器官随季节性气候变化而发生的外部形态规律性变化的时期，称为生物气候学时期，简称物候期。梨树是落叶果树，在一年中的生长活动表现为明显的生长期和休眠期两个阶段。

1. 梨树的生长期

从春季萌芽，经过展叶、开花、结果，到秋季落叶为止。这段时期，称为果树的生长期。在生长期中，可明显看出梨树形态特征的变化。如萌芽、枝叶生长、开花、结果、芽的形成、果实发育和成熟、落叶等。形态特征上，每一个有明显标志的阶段，称为某个物候期。如芽膨大期、萌芽期、新梢生长期、开花期、结果期、果实成熟期、花芽分化期、根系活动期等。

2. 梨树的休眠期

落叶果树从落叶后，到第二年春季萌芽前的这段时期，称为果树的休眠期。进入休眠期的果树，地上的树干和树冠停止生长，地下的根系也停止了活动，果树处在停止状态。大多数果树，在休眠期时进行修剪。

第三节　对环境条件的要求

梨树生长的环境条件主要包括：①气候条件。包括光照、温度、水分、空气、风、雷电、雨、霜和雪等。②生物条件。包括动物、植物、微生物和人类的活动等。③地形条件。包括地类、坡度、坡向、海拔等。④土壤条件。包括土壤类型、有机质含量、土层深厚、团粒结构和通透性等。

一、温度

梨由于种类繁多，分布地域广，适应性较强，不同品种对温度的要求差异很大，白梨、西洋梨要求冷凉干燥的气候，在年平均温度大于15℃的地区不宜栽培；如鸭梨引入高温多湿的地区栽培后，果形变小，肉质变硬，风味变淡，失去原有品质。以砂梨系为例分布在长江流域及以南诸省，一般生长季节月平均气温在16～27℃，休眠期月平均气温在5～17℃。由于各品种群对温

第二章 梨树生物学特性

度要求完全不同，导致南北各品种不可交替种植的局面。

梨树适宜的年平均温度因其所属的种不同而异，秋子梨为 4～12℃，白梨及西洋梨为 7～15℃，砂梨为 13～21℃。当土温达 0.5℃以上时，根系开始活动，6～7℃时生长新根；超过 30℃或低于 0℃时即停止生长。当气温达 5℃以上时，梨芽开始萌动，气温达 10℃以上时即能开花。梨的耐寒力也不同，原产中国东北部的秋子梨极耐寒，野生种可耐 -52℃低温，栽培种 -35～-30℃；白梨类可耐 -25～-23℃；砂梨类及西洋梨类可耐 -20℃左右。梨花芽萌动、开花均较早，受"倒春寒"的影响，会发生冻花芽或花期受霜冻的现象，在果实发育后期昼夜温差大，有利于提高果实的品质。

梨树冬季需要经低温春化阶段，要求低于 7.2℃以下的时间在 900 小时以上才能打破休眠正常生长，如果低温时间不足，常会造成花器发育不全，花芽难以形成，影响着果，减少产量及降低品质，所以南方温暖地区和大棚栽培的梨园应采取措施，才能达到优质丰产。

梨不同的器官和不同的物候期对温度要求差异很大，如花器的发育需 10℃以上的气温；盛花期气温在 24℃时花粉萌发率最高，花粉管伸展最快，气温低于 5℃时，花粉管极易受冻；梨花芽萌动、开花均较早，有时会受"倒春寒"的影响，发生冻花芽或花期受霜冻的现象，导致减产；花期如遇 30℃以上的高温，柱头黏液减少，影响花粉萌发，受精不完全，花期缩短，导致随花落现象严重；梨花芽分化及果实发育温度 20℃最佳；昼夜温差大，有利于同化产物的生产和积累，使果实着色佳，糖度高，品质好。

早春地温 0.5℃时，梨根系开始萌动；6～7℃时开始长出新根；气温 18℃时开始萌芽长叶。

高温对梨危害也很大，当气温达 40℃时会破坏光合与呼吸的平衡关系，造成气孔不闭，蒸腾加速，使树体呈饥饿失水状态，容易产生日灼和落果，持续时间愈长影响愈烈。

二、水分

梨树所需降水量在不同梨系统间差别较大，秋子梨、白梨、西洋梨耐湿性差，国内优质白梨产区的年降水量均在 500~900mm，但砂梨类耐湿性强，在年降水量 1 000mm 以上的地区，生长良好，易获丰产。西洋梨原产夏季干旱气候区，耐旱性强，在南方栽培时枝条易徒长，病害严重。在沙壤土中当土壤水分含量在 15%~20% 较适于根系生长，不论任何系统的梨，果实成熟前雨水过多，光照不足，均会降低果实品质。

水分是梨树和梨果的组成成分，并参与光合作用、物质运输、物质转化、蒸腾作用。通过光合作用，每生产 1kg 产物，需消耗水 300~800kg，梨树的生产活动都必须在水的作用下才能正常进行。水分过少（干旱）或过多（涝灾）都能影响梨树和生长发育，缩短寿命，降低品质。要求土壤水分保持田间持水量的 60%~80%。春季新梢生长旺期需水量较大，夏季干旱需灌水防旱、秋季干旱需灌水保叶、冬季干旱需灌水防冻。

梨树生长要求空气湿度为 60%~80%，但砂梨在南方暖湿气候条件下常导致果皮角质层破裂，果点变大，果锈增多，病害严重，尤其绿皮梨更为明显，但实施套袋栽培能够减轻这一弊病，提高果面光洁度，改善果实的商品外观。

三、光照

光照是梨树进行光合作用不可少的因子，梨属喜光树种，年需日照时数 1 600~1 700 小时。树冠中上部光照条件好的部位，枝条充实，芽眼饱满，叶片肥厚，果实发育良好，同化产物积累多，品质优良。

梨树为喜光果树，年需日照在1 600~1 700小时，梨叶光补偿点约为1 100lx，光饱和点约为5 400lx。光的过量（超过光饱和点）和不足（低于光补偿点）都会使梨树的生长受到影响。光的种类如直射光、透射光、反射光、漫射光的光能被树体的利用率也不同。树冠在园地的覆盖率是提高光能利用率和单位面积产量与品质的重要指标之一，梨园的覆盖率以70%~75%为宜。

栽培上提高光能的利用措施有：通过整形修剪，促进通风透光；施肥覆盖，促进早期形成较大的叶面积；疏花、疏芽、疏果维持正常的叶果比；防病治虫，延长叶片寿命。

四、土壤

梨树对土壤的适应性强，以土层深厚，土质疏松，透水和保水性能好，地下水位低的沙质壤土或轻壤土最为适宜。土壤含盐量低于0.2%，pH值在5.8~8.5范围内梨树均能正常生长，一般杜梨要求偏碱，而砂梨和豆梨要求偏酸。

土壤是梨树生长的基础，在其整个生命周期中，都要从土壤中吸收大量的水分和营养元素，以保证树体的正常生理活动，良好的土壤条件是丰产优质的基础。梨树对土壤类型要求不严，无论是沙土、壤土、黏土均可种植，但以土质疏松深厚，排水佳良，有机质含量丰富，地下水位低的中性沙质壤土最好。

五、其他环境因子

1. 风

风对梨树生长影响较大，微风（每秒0.5~1m）对调节梨园小气候，增加光合作用有利；花期大风会影响授粉受精，造成落花落果；成熟期梨树最怕风，不仅落果严重，还会使树体倒伏，所以沿海多台风地区种植梨树一定要选择台风季节来临前成熟的早熟品种或采用棚架栽培。

2. 霜

早秋、晚春气温剧降凝霜,导致梨树幼嫩器官的伤害。防霜措施主要有:选无霜地建园、春季灌水、果园熏烟等。

3. 雪

大雪常因积雪压裂、压断树枝,并因融雪期融冻交替,冷热不均而引起冻害。防治措施:在下大雪前,对幼龄梨树设立支柱,对枝量过多的梨树应提前修剪;在雪后应尽快摇落树上积雪,避免枝干断裂;及时处理断裂枝干,对完全折断的枝干,应及早锯断削平伤口,涂以接蜡等保护剂,以防腐烂;加强雪害后栽培管理工作,恢复树势。

4. 环境污染

环境污染会对梨树的生长、结果、品质及商品性都有较大的影响,园地必须选择在环境、空气、灌溉水质和土壤都无污染的区域。

第三章 梨树种类与品种的选择

梨树是我国栽培历史久、种类品种繁多的果树之一。梨树的适应性很强，在南北各地广为栽培，栽培面积与产量位于果树第三位。各品种群对生态环境的适应性不同，随着育种专家不断育出新的梨品种丰富梨的品种，因此，搞好梨品种的选择和品种结构调整是梨果生产健康发展的关键，对发展农村多种经营，增加农民收入，建设新农村具有重要的意义。

第一节 我国梨树的主要种类

梨属蔷薇科梨亚属梨属（pyrus Linn）植物，全世界约有35个种，原产我国已有定名的13个种，根据我国梨的起源与分布，我国目前生产的梨主要有五大系统，即秋子梨、白梨、砂梨、西洋梨和新疆梨。

一、秋子梨品种群

秋子梨系统多分布在我国黄河以北的冷凉半湿区，以燕山、辽西、辽南、陕北、雁北、西北等地为主，抗寒力强，能耐 -30℃左右的低温，是所有梨属中最耐寒的树。树冠高大、生长旺盛，发枝力强，新梢有光泽，叶片大，叶缘有芒状尖锐锯齿，基部圆或心脏形。果形大部分较小，呈球形或扁圆形，萼片宿存，果柄粗短。果实需经后熟方可食用，果皮坚硬，果肉粗，石细胞多，味酸，有浓芳香，不耐贮藏。

主要分布在东北、华北、西北等寒冷地带。抗病性强，适宜冷凉干燥气候，耐寒、耐旱、耐瘠薄。代表品种有京白、南果、红南果、安梨、花盖梨、大小香水等。

二、白梨品种群

白梨是我国栽培梨中分布较广、数量最多、品质最好的种类。适宜冷凉高燥的气候。抗寒力稍逊于秋子梨而强于砂梨，能耐低温-25℃左右。

树姿开张，生长较强，发枝较少。嫩枝较粗，密生白色绒毛，二年生枝紫褐色或深褐色；嫩叶遍生密生白色绵毛，叶缘锯齿尖锐，刺芒内贴，叶片大，叶片卵圆形或广卵圆形，顶端渐尖，叶基圆形或倒卵形；果实倒卵形或长圆形，脱萼，果柄细长。果肉肉质粗细不一，大多数品种品质较好、石细胞小而少，肉质细脆多汁，有微香、耐贮藏。果皮黄色，果梗长，萼片脱落或半脱落；子房4~5室，多为5室，种子8~10粒；果实采下即可食用，肉质细脆有香气，多数品种耐贮运。

主要分布在华北各省，西北、辽宁、淮河流域和四川西部山区也有少量分布。特别是河北、山东、河南、山西、陕西最多。品质较好的代表品种有：鸭梨、雪花梨、砀山酥梨、秋白梨、黄县长把梨、油梨、金梨等。

三、砂梨品种群

砂梨适宜于温暖湿润气候条件，抗热、抗旱能力较强，但抗寒力稍弱，耐低温最低为-15℃左右，该品种群树姿直立，枝条分枝力和成枝力都较弱，枝粗而稀疏，嫩枝、幼叶有灰白色的绒毛，二年生枝紫褐色或暗褐色；叶片大，长卵圆形，叶缘锯齿尖锐有芒，略向内合，叶基圆或近心脏形；花萼宿存，少有脱落；果实圆形或近球形，果皮多为褐色，少有绿色；果柄中等长，萼片多数脱落，少数宿存。子房5室，一般种子10粒；果实石细胞多且粗，果肉质脆，味较甜，香气少，多数不耐贮藏。主要分布在淮河以南、长江流域的南方各省。栽培较多的如江苏、浙江、四川、重庆、上海等省市。近几年在山东的胶东、鲁西地区，河北深州、辛集等地，安徽的砀山、北京郊区等，日本、韩国砂梨品种栽培面积较大。栽培较多的主要代表品种如浙江的黄花、翠冠、清香、西子绿、脆绿、义乌早三花、四川苍溪雪梨等，近几年新引入的日本、韩国砂梨品种有新世纪、菊水、幸水、丰水、新水、圆黄、爱甘水、新高、甘泉、喜水等。

四、西洋梨品种群

西洋梨目前在辽南、华北、西北、黄河故道地区栽培较多。适宜温润稳定的气候，对于干寒环境适应性差。喜冷凉气候，但不耐寒，一般也能耐-20℃左右的低温。树体多数直立性较强，嫩枝光滑无毛有光泽，有时枝条具有针刺；叶片小，全缘或钝锯齿，卵圆或椭圆形，革质平展，柄细长略短；果实多葫芦形，少有圆形；果皮绿、黄、红、褐多样；果柄粗短且肉质；萼洼浅，萼片宿存而聚合；果实需经后熟方可食用，果肉细软易溶，味美香甜，石细胞少，果心极小；其最大特点是果实变软后呈奶白色，柔软多汁，味甜有芳香，果多不耐贮藏。国内栽培较多品种有巴梨、三季梨、伏茄梨、红巴梨、红考密斯、早红考密斯、红茄梨等。

五、新疆梨品种群

为西洋梨和白梨的种间杂交所形成的新品种群系。性喜冷凉干燥，抗寒力强，适应性广。树冠半圆形，树体矮小，叶边缘上半部呈细锐齿，下半部或基部呈浅钝锯齿或近于全缘。果实大小中等，呈瓢形或卵圆形，萼片大多宿存，兼有软肉和硬肉两种，不耐贮运，多数石细胞较多，味甜汁多而香。主要分布在新疆、甘肃、青海等地。栽培较多的代表品种如新疆库尔勒香梨、兰州花长把梨、斯尔克浦梨、轮胎句句梨、青海贵德甜梨等。

第二节 梨优良品种的选择

我国梨品种很多，共有3 000余个，培育出的梨新品种就有近百个，特别是近几年南方早熟梨无论是品种的选育还是发展的速度都很快，现将有发展前景的部分品种介绍如下。

一、早熟品种

1. 早美酥

中国农业科学院郑州果树研究所于1982年用日本梨新世纪做母本、中国梨早酥为父本杂交培育而成。

7月中旬果实成熟。平均单果重250g，最大果重540g。果实近圆形或卵圆形。果面光滑，蜡质厚，果点小而密，黄绿色无果锈。果肉白色肉质脆，采后半个月肉质松软。果肉细，石细胞较少，汁液多，含可溶性固形物11%~12.5%，总糖8.77%，风味酸甜适度，无香味，品质上等。常温下可存放20天，冷藏条件下可贮藏1~2个月（图3-1）。

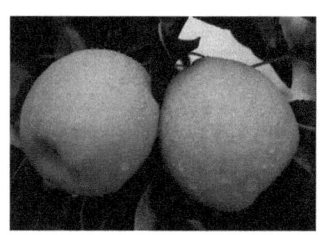

图3-1 早美酥

结果较早，一般栽后3年即可开花结果。以短果枝结果为主。中、长果枝亦可结果。果台连续结果能力较强。连续2年结果的果台占68%，平均每果台坐果1.5个，无采前落果现象，极丰产稳产。抗逆性很强，抗风、抗旱、耐涝、耐盐碱，抗寒力中等，可耐-23℃的低温。对黑星病、腐烂病、褐斑病、轮纹病均有较高的抗性，抗梨芽和红蜘蛛能力亦强，但易遭受梨木虱为害。

2. 绿宝石

绿宝石又名中梨1号，中国农业科学院郑州果树研究所用早酥与幸水杂交育成。

果实大，平均果重220g，最大620g，果实圆形或扁圆形；果面绿色，套袋果呈乳白色，果点中大，稀少；果心小，果肉白色，肉质细嫩，味甜，多汁，有香气；可溶性固形物含量14.6%，品质上等。在河北中部地区7月下旬成熟，较耐贮运，常温下可贮藏8~10天（图3-2）。

图3-2 绿宝石

树势健壮，适应性强，耐盐碱，抗病力强。一般定植后3~4年开始结果。对修剪反应不敏感。腋花芽形成能力差，以短果枝结果为主，坐果率高。该品种不仅是一个良好的早熟主栽品种，而且是一个良好的授粉品种。缺点是早实性稍差，易出现大小年，旱涝不均有裂果现象。

3. 翠冠

浙江省农业科学院园艺研究所以幸水×（杭青×新世纪）育成，现已成为浙江省主栽早熟品种。

图3-3 翠冠

果实大，平均果重250g，大果重450g，圆形；果皮绿色，有锈斑；果肉白色，肉质细嫩松脆，味甜多汁；可溶性固形物含量11%~12%，品质上等。是目前砂梨品种中肉质最好的品种之一，唯有其果皮娇嫩，即使套袋栽培也很难克服果面锈斑，影响外观质量。浙江地区果实7月中旬成熟（图3-3）。

树势强，树姿较直立。萌芽率高，成枝力强，以中、短结果枝为主。花量中等，着果性好，果个均匀，一般3年就有一定的产量。进入盛果期后，丰产稳产。抗逆性强，耐湿，裂果少，病虫害少。

4. 七月酥

中国农业科学院郑州果树研究所1980年以幸水梨为母本、

早酥梨为父本杂交培育而成的极早熟新品种（图3-4）。

图3-4 七月酥

树势强健，枝条粗壮，幼树生长旺盛，果实卵圆形，黄绿色，平均单果重220g，大者650g，果面光滑洁净，果点小；果肉乳白色，肉质细嫩松脆，无石细胞或极少，果心小，汁液多，风味甘甜微具香味，可溶性固形物12.0%~13.0%，7月中下旬成熟。品质上等。果实室温下可贮放20天左右，贮后色泽变黄，肉质稍软。果皮黄绿色，细薄而光滑，稍经贮藏即为金黄色。肉质细嫩松脆，汁液特别多，酸甜可口，树势强，结果早，容易丰产，抗病抗旱。授粉品种有早酥、幸水、早美酥和新世纪等。

5. 脆绿

浙江省农业科学院用杭青与新世纪杂交育成的早熟品种。果实圆形，平均单果重220g，最大果重450g，果形端正，梗洼和萼洼中等深广，萼片脱落，果皮绿黄色。果肉细脆，汁多，味甜，清香，含可溶性固形物12%以上，在浙江省于7月28日左右成熟。

树势强，树姿开张。栽培时注意多施有机肥，增施磷、钾肥，以利于产量和品质的提高。授粉树宜选用黄花梨、西子绿等品种（图3-5）。

图3-5 脆绿

6. 早酥

中国农业科学院郑州果树研究所培育而成,亲本为苹果梨和身不知梨。

果实属于大果型,平均单果重250g左右,最大果重700g,多呈卵圆形或长卵形,各地表现有所不同,果皮黄绿色或绿色,果面平滑有光泽,并具棱状突起,果皮薄而脆,果点小,不明显,果肉白色,肉质细而酥脆,石细胞少,汁液特别多。味淡甜或甜。含可溶性固形物11%~14.6%,品质上等。果实于8月中旬采收,常温下可存放1个月左右。

树势强,枝条角度较开张,新梢粗壮,萌芽力强,芽萌发率为84.84%。发枝力中等偏弱。一般剪口下多抽生1~2条长枝,开始结果树龄小。一般定植后2~3年便可结果。以短果枝结果为主,连续结果能力强。授粉树品种为锦丰、雪花、砀山酥、苹果梨和鸭梨等,适应性相当强,抗寒力和抗旱能力均强。食心虫为害轻,抗黑心病。

7. 华酥

中国农业科学院果树研究所育成,母本为早酥梨,父本为八云梨。1999年通过辽宁省作物品种审定委员会审定。

果实大,平均单果重200g,果实近圆形;果皮黄绿色,果面平滑有蜡质光泽,果点小;果心小,果肉黄白色,肉质细,酥脆多汁,酸甜适口好;可溶性固形物含量12%,品质上等。北京地区8月上旬果实成熟(图3-6)。

图3-6 华酥

树势中强,树姿直立,萌芽率高,成枝力中等;结果早,成年树以短果枝结果为主,丰产稳产;抗寒性强,抗黑星病、腐烂病能力强,对轮纹病和食心虫抗性中等。

8. 幸水

日本静冈县培育。为日本主栽梨品种。在我国上海、江西、江苏、四川和贵州等省(市)都有一定面积的栽培,山东、山西、辽宁、北京和河南等地都有少量栽培。

果实中等大小,平均单果重165g,最大果重330g,扁圆形,黄褐色果面稍粗糙,有点有棱起。果点中等大,较多。果梗长3.44cm,梗洼中等深。萼片脱落,萼洼深而广。果心小或中大,5~8个室。果肉白色,肉质细嫩,稍软,汁液特别多,石细胞少,可溶性固形物11%~14%,味浓甜有香气,品质上等。花芽4月上中旬萌动,5月上旬初花,5月上中旬盛花,8月中旬采收,10月下旬至11月上旬落叶。为早熟优良品种,果实不耐贮,常温下可贮存1个月左右(图3-7)。

图3-7 幸水

植株生长势中庸,萌芽力中等,成枝力弱,一般剪口下发1条长枝,枝条短,稍细。一般定植后2~3年便可结果,以短果枝结果为主。果台副梢抽生能力中等,较丰产,稳产。但若管理不当,易出现大小年。授粉品种可用长十郎、晚三吉和菊水等。适应性较强。抗黑星病、黑斑病能力强,抗旱、抗风力中等,抗寒性中等。对肥水条件要求较高。

9. 翠玉

浙江省农业科学院园艺研究所育成的新品种,原代号为"5-18"。是西之绿与翠冠杂交选育而成的特早熟品种。2011年定名并通过浙江省非主要农作物认定委员会认定。该品种成熟早,成熟期比翠冠早7~10天。果实为扁圆形,果皮为纯绿色,无锈斑,套袋后果实呈乳黄色,颜色一致,克服了翠冠果面锈斑多的缺点。平均单果重257g,最大果重330g,果面平滑,有光泽,果肉细嫩、多汁,味甜,品质上等。果实在常温和低温下的耐贮性均明显优于翠冠,是砂梨系统中耐贮性较好的品种(图

3-8)。

图3-8 翠玉

花芽易形成，花期比初夏绿晚1~2天，可与翠冠、玉冠、清香互为授粉品种。该品种的显著特点是成熟早、外观美，在大棚设施促成栽培条件下采用无袋栽培，不仅外观极佳，而且通过水分控制品质得到提高。

二、中熟品种

1. 京白梨

原产于北京门头沟东山村，有200多年的栽培历史，为秋子梨系统优良品种。

果实中大，平均单果110g，大果重可达200g以上，扁圆形。果皮黄绿色，贮藏后转为黄色，果面平滑有蜡质光泽，果点小而稀；果肉黄白色，肉质中粗而脆，石细胞少；果心大盘；经后熟，果肉便细软多汁，易溶于口，香气宜人。可溶性固形物含量13%，品质上等。北京地区8月下旬果实成熟，不耐贮运，果皮磨伤易变黑（图3-9）。

树势中庸，枝条纤细，萌芽率高，成枝力强，成年树以短果枝结果为主，较丰产、稳产。抗寒性强，喜冷凉栽培环境。

图 3-9 京白梨

2. 黄金梨

韩国引入,以新高×20 世纪杂交育成的中晚熟新品种。1984 年命名。该品种生长势旺,树姿开张,一年生枝绿褐色,叶片大而厚,卵圆形或长圆形,叶缘锯齿尖锐而密,嫩梢叶片黄绿色向上皱折,是区别其他品种的重要标志。幼树生长旺,萌芽率低,成枝力弱,旺梢中上部易形成腋花芽而结果并易形成短果枝,结果早,丰产性好(图 3-10)。

图 3-10 黄金梨

果实近圆形,果形端正,果肩平,果形指数 0.9,果皮黄绿色,贮藏后变为金黄色,平均果重400~500g。果肉乳白,果核小,可食率达95%左右,肉质脆嫩,多汁而甜并有清香气味,无石细胞,可溶性固形物含量15%左右,9月上中旬成熟,较耐贮藏,授粉树黄冠、绿宝石(中梨1号)、幸水等。

另外,还有早生黄金梨,韩国园艺研究所1986年用新高×新兴育成,平均单果重450g,比黄金梨稍大、果形圆,有黄金色的外表,无锈,特别美丽。果肉细脆,果汁丰沛,酸味小,含可溶性固形物15.6%。

3. 黄冠

河北省农林科学院石家庄果树研究所以雪花梨为母本,新世纪为父本杂交培育而成。果实大,平均单果重235g,近圆形或卵圆形。果皮黄色,果面光洁,果点小,中密。梗洼窄、中缓,萼片脱落,萼洼中深、中广。果心小,果肉洁白,肉质细,松脆,汁液多,酸甜适口。含可溶性固形物11.4%,可溶性糖9.38%,可滴定酸0.2%,品质极上。自然条件下可贮20天,冷藏条件下可贮至翌年3~4月(图3-11)。

图3-11 黄冠梨

树冠圆锥形,树姿直立,树势强,萌芽力强,成枝力中等。

嫁接苗定植后 2～3 年开始结果，以短果枝结果为主。3 月下旬花芽萌动，4 月上中旬盛花，8 月中旬果实成熟，10 月下旬至 11 月上旬落叶，营养生长天数为 220～230 天。高抗梨黑星病。

4. 黄花

原浙江农业大学于 1974 年以黄蜜梨×三花梨杂交育成。黄花梨树势强健，树形开展，花芽似毛笔状，新梢嫩叶呈橙红色，萌芽率和发枝力强，适应性和抗病性都很强，无论山地、海涂均可种植，容易栽培管理，花芽易形成，结果性好，丰产、稳产（图 3 - 12）。

图 3 - 12　黄花梨

果实圆锥形，单果重 300～400g，果皮黄褐色（套袋后呈黄色），果心小，果肉洁白，肉质细致脆嫩，汁多味甜，可溶性固形物 12.5%，风味好，品质上等，浙江成熟期 8 月中下旬，较耐贮运。花期中早，花期长。可与清香、新世纪、翠冠、新雅等品种授粉，是前几年长江以南各省发展最快的品种之一。

5. 丰水

日本农林省果树试验场以（菊水×八云）×八云杂交育成。1972 年发表。果实大，平均单果重 350～400g，近圆形。果皮黄褐色，果点大而多，果面略显粗糙。梗洼中深。中缓、沟状；萼片脱落，萼洼中深、中缓。果心小，可食率90%以上。果肉乳白色，肉质细，汁液特多，酸甜适度。含可溶性固形物13.6%，品质上等（图3-13）。

图3-13 丰水

树冠纺锤形，树姿较直立，主干灰褐色。1年生枝黄褐色，皮孔多，中大。幼树生长势强，结果后树势中庸。萌芽力强，成枝力中等。嫁接苗定植后2~3年即可结果。幼树以中长果枝结果为主，盛果期以短果枝结果为主，腋花芽具有结果能力。8月下旬至9月上旬果实成熟。抗黑斑病、轮纹病。

6. 圆黄

韩国品种，1994年育成，亲本为早生赤×晚三吉，1997年引入我国。

果实大，平均单果重350g，最大630g，圆形端正；果皮褐色，果面光滑，果点小而稀；果心小，果肉乳白色，肉质细嫩酥脆，汁多味甜，香味浓；可溶性固形物含量14%，品质上等。北京地区果实8月下旬成熟。果个整齐，果实较耐贮藏（图3-14）。

树势生长较强，树姿半张开，萌芽率高，发枝力强。结果较

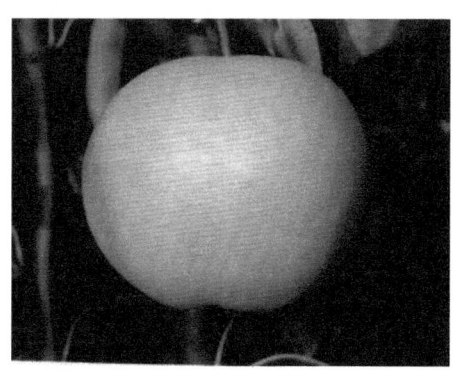

图3-14 圆黄

早,以中、短果枝结果为主,丰产稳产。全树中枝发生多,果台副梢抽枝能力也强。抗黑星病能力强,栽培管理容易。花粉多,可作良好的授粉树。秋后中长枝有早落叶现象。

7. 西子绿

浙江大学园艺系育成,亲本为新世纪×(八云×杭青),1996年通过品种审定。

西子绿(图3-15)果实大,平均单果重300g,果实近圆形;果皮黄绿色,果面有锈斑;果肉白色,肉质细、松脆,汁液

图3-15 西子绿

多,味甜;可溶性固形物含量11.5%~13%,品质上等。在杭州地区7月下旬至8月上旬成熟,北京地区果实8月中旬成熟。树势中庸,树姿开张。萌芽率高,成枝力中等。早果丰产。

8. 红巴梨

澳大利亚发现的巴梨的红色芽变,1995年引入我国。果实葫芦形,平均单果重250g,果面蜡质多,果点稀疏。幼果期果实全面紫红色,果实迅速膨大期阴面红色褪去变绿,成熟至后熟后的果实阳面为鲜红色,底色变黄。果肉白色,后熟后果肉柔软,细腻多汁,石细胞极少,果心小,可溶性固形物含量为13.8%,味甜,香气浓,品质极上。果实成熟期为8月下旬,常温下可贮存15天,0~3℃条件下可贮2~3个月而品质不变(图3-16)。

图3-16 红巴梨

树势较强,树姿直立,幼树萌芽率高,成枝力中等。幼树第三年结果,第四年丰产。以短果枝结果为主,部分腋花芽和顶花芽结果,连续结果能力弱,自花结实能力弱,授粉树品种以艳红为好。采前落果少,较丰产稳产。该品种可在巴梨适宜栽培区域发展。

9 八月红

陕西省果树研究所用邱巴梨与早酥梨杂交培育而成,为早熟脆肉红色梨品种,1995年正式命名。

果实卵圆形,平均单果重233g,最大果重290g,规格整齐。果皮黄色至红色,美观。肉质细,汁多,味香甜,可溶性固形物含量为11.9%~15.3%,品质上等。于8月中下旬成熟。结果早,丰产,抗黑星病,是个很有发展前途的红色梨新品种(图3-17)。

图3-17 八月红

10. 冀蜜

河北省农林科学院石家庄果树研究所以雪花梨为母本、黄花梨为父本杂交培育而成的新品种。

果实椭圆形,平均单果重254g,果肉白色,肉质细而松脆,汁液多,风味甜似蜜,含可溶性固形物13.5%。果心小,石细胞及残渣的含量均少,品质上等。9月上旬成熟,比鸭梨早熟近20天(图3-18)。

幼树生长健壮,叶片大而肥厚,3年生开始结果,成龄果树以短果枝结果为主,丰产性强。为高抗黑星病品种。

图 3-18 冀蜜

三、晚熟品种

1. 鸭梨

我国古老的优良品种之一,原产河北省。本品种有几个大果型芽变品种,即晋县大鸭梨、赵县大鸭梨和怀来大鸭梨。

果实中等大,平均单果重 160~200g。果呈倒卵圆形或短葫芦形,果肩一侧常具鸭嘴状凸起,且有锈斑。果皮绿黄色贮后转为黄色,果点小,果面平滑,有蜡质光泽。果肉白色,肉质细嫩而脆,汁液极多,味甜微香,含可溶性固形物 11%~13.8%,品质上等。在辽宁省兴城市,果实于 9 月下旬成熟,属晚熟优良品种。主要用于鲜食。耐贮藏,一般可贮藏到翌年 2~3 月(图 3-19)。

长势中庸,萌芽力强,成枝力弱。定植后 3~4 年开始结果为主。坐果率高,双果,丰产性强;但管理不善易出现大小年。授粉树品种为雪花梨、锦丰、酥梨、京白梨和早酥等。对土壤、气候适应性较强,抗寒力、抗旱力较强。抗黑星病和食心虫能力弱。

图 3-19 鸭梨

2. 酥梨

又名砀山酥梨,原产安徽砀山,品系较多,以白皮酥品质最好。安徽、山东、陕西、甘肃、新疆等省、自治区均有栽培,为目前我国梨栽培面积最大的品种。

果实大,平均单果重 239~270g,近圆柱形,顶部平截稍宽。果皮绿黄色,贮藏后转变为黄色,果点小而密,果实肩部或有小锈块。有条锈或片锈;萼片多脱落,萼洼深、广。果心小,果肉白色,肉质较粗而脆,汁液多,味甜。可溶性固形物含量 11%~14%,品质上等(图 3-20)。

树冠圆头形,树姿半开张,苗木定植后 4~5 年开始结果,以短果枝结果为主(红占 65%),腋花芽结果能力强。4 月上中旬花芽萌动,4 月下旬至 5 月上旬开花,9 月中下旬果实成熟,11 月上旬落叶。果实发育期 126 天,营养生长天数 207 天。适应性广。授粉品种可选用花梨、鸭梨、雪花梨、黄县长把梨。

图 3-20 砀山酥梨

3. 库尔勒香梨

主要产于新疆巴音郭楞蒙古自治州和阿克苏地区,为新疆地区最优良的梨品种。

果实中等大,平均单果重 104~120g,纺锤形或倒卵形。果皮绿黄色,阳面有红晕,果点极小,果皮薄。近梗洼处肥大,梗洼窄、浅,5 棱突出;萼片脱落或残存,果心较大,果肉白色,肉质细,松脆,汁液多,味甜,具清香,果实成熟时整个梨园香气甚浓(图 3-21)。

树冠圆头形,树姿半开张,主干灰褐色,表皮粗糙、纵裂。植株生长势强,萌芽力中等,发枝力强,苗木定植后 4 年开始结果,以短果枝结果为主(约占 73%),腋花芽和中长果枝结果能力亦强。丰产稳产。4 月上旬花芽萌动,4 月下旬至 5 月上旬开花,9 月下旬果实成熟,11 月上旬落叶。果实发育期 135 天,营养生长天数 210 天。授粉品种可选用鸭梨、砀山酥梨等。

4. 雪花梨

原产河北定县。现河北赵县栽培最多,为当地最优良的品种之一。果实大,平均重 350g,大者可达 530g。果实长卵圆形或

图 3-21 库尔勒香梨

长椭圆形,果面绿黄色,皮细而光滑,有蜡质,贮后变鲜黄色。果点褐色,较小而密,分布均匀,脱萼。果肉白色,脆而多汁,微香,味甜,含可溶性固形物12%~13%,品质上等。成熟期9月上中旬,耐贮运,可贮存至翌年2~3月(图3-22)。

该品种适应性广,生长势中等,树冠直立。萌芽力强,成枝力中等,以中短枝结果为主。雪花梨不抗轮纹病,果皮易发生药害。

图 3-22 雪花梨

5. 玉酥梨

是以砀山酥梨为母本，猪嘴梨为父本杂交选育而成。2009年4月通过山西省农作物品种审定委员会审定。果实长卵圆形，果形端正，外观漂亮，果皮黄白色，果面光洁有蜡质，平均单果重255g，最大可达550g。果肉白色，肉质细嫩，松脆，石细胞少，汁液多，味甜，含可溶性固形物11%~13%，山西晋中地区9月下旬成熟，极耐贮藏，可贮至翌年5月。丰产稳产性好，其特点是优质、晚熟、耐贮藏、栽培适应性强。

6. 红香酥

是中国农业科学院郑州果树研究所于1980年用库尔勒香梨与郑州鸭梨杂交育成的红皮梨。1997年10月通过河南省农作物品种审定委员会审定，命名为"红香酥"。

果实卵圆形，萼片脱落或宿存。平均单果重270g，最大果重650g。果面洁净光滑，具蜡质，果点中等大，无锈斑，成熟时底色黄绿，表色浓红，着色面50%以上。贮藏后底色变为金黄色，更加艳丽。果肉白色，酥脆多汁，石细胞及残渣少，香甜味浓，含可溶性固形物14%~16%，品质极上。近果心处果肉无酸味。常温下可贮藏3个月，冷库可贮至翌年6月，仍甜脆爽口。于9月下旬成熟（图3-23）。

树势中庸，树姿直立，以短果枝结果为主，果台副梢连续结果力强，有腋花芽结果习性。高接树第二年结果株率在95%以上，第三年花序坐果率高达92%。高抗黑星病、黑斑病、国感轮纹病。可与鸭梨、黄冠等互为授粉树。

7. 玉露香

山西省农业科学院果树研究所以库尔勒香梨为母本，雪花梨为父本杂交选育而成。果实大，平均单果重236.8g，最大果重550g。果实椭圆形或扁圆形；果皮黄绿色，阳面着红晕或暗红色纵向条纹，果面光洁细腻具蜡质，保水性强。果皮极薄；果心

图3-23 红香酥

小，果肉水白色，肉质细嫩酥脆，石细胞极少，汁液特多，味甜具清香，口感极佳；可溶性固形物含量12.5%~16.1%，品质极佳。果实耐贮藏，不变面，在自然土窖洞内可贮4~6个月，贮藏后口感更佳，为优质耐贮品种。抗腐烂病、褐斑病中等，抗白粉能力较强，是适于北方种植的一个更新换代品种（图3-24）。

图3-24 玉露香

8. 新高

日本引入，用天之川×今村秋杂交育成。该品种适应性强，是当前较有发展前景的晚熟梨品种之一。该品种果实近圆形,平均单果重 450~500g,最大单果重 1 000g。果皮黄褐色,较薄,果点大而稀,果面光滑,果肉白色,汁多味甜,品质上等。耐贮运。果实 10 月上中旬成熟(图 3-25)。

图 3-25 新高

9. 蒲瓜梨

蒲瓜梨是浙江地方良种,主要产地温州乐清大荆,9 月下旬成熟。平均单果重 552g,最大可达 1 500g,果实倒卵形,形状如蒲瓜,故称蒲瓜梨。

果皮绿褐色。果肉中细、酥脆。汁特多,含可溶性固形物 13.6%(梨品种中含量最高),可滴定酸 0.395%,含维生素 C 1.33mg/100g,味甜酸,余味好。中医理论认为:性凉、润肺、有治秋躁的功效。享有"梨中之王"的美誉。

树形半开张,冠形较大生长势较强,萌芽率、发枝力中等,以短果枝结果为主。每花芽坐果 1 个,较丰产稳产。适应性较强。萼片宿存或残存。果柄长。果皮绿褐色,充分成熟为红褐色。果心很小。果肉雪白,肉质较细,酥脆,石细胞少。品质中上等,较耐藏。对肥水要求较高,授粉品种为八月雪、金水 1 号。

图3-26 蒲瓜梨

第三节 品种现状与选择

一、梨品种的发展现状

梨是我国南北各地栽培最为普通的一种果树。栽培面积仅低于苹果和柑橘，居第三位。以河北面积最大，以下依次为辽宁、山东、甘肃、陕西、江苏、湖北、山西。产量最多的省份依次为河北、山东、辽宁、江苏、湖北、安徽、四川、甘肃、云南、新疆。我国梨栽培面积和总产量均居全世界第一位。在国际市场上很受欢迎。

栽培品种主要分属于白梨、砂梨、秋子梨和西洋梨4个系统。前两者是脆肉型，后两者是软肉型，由长期以来栽培选育结果，现已初步形成了具有地方特色的名优品种栽培区。如胶东半岛的慈梨、长把梨，大香水梨；黄河故道的酥梨；河北中南部的鸭梨、雪花梨；辽西、阜新等地的秋白梨、小香水梨、秋子梨；四川金川、苍溪的金花、花溪雪梨；山西高平的大黄梨；兰州大

第三章 梨树种类与品种的选择

冬果、长把梨；南疆库尔勒、喀什的香梨；陕西乾县、礼泉、眉县砀山酥；云南呈贡、昭通及贵州威宁的大黄梨、宝珠梨；湖北枣阳、襄阳的金水梨，长江中下游的早酥、黄花、徽州雪梨；北京郊区的京白梨、鸭广梨、子母梨；辽宁鞍山海城的南果梨，吉林延国、甘肃、河西走廊的苹果梨栽培区等。

近几十年来，我国的科研和生产单位选育并引进了一批优质、丰产、适应性强的品种或单系，据不完全统计，已正式命名的新品种有30多个，其中一些已大面积推广，经济效益可观。如早酥、黄花、金水系列、龙香、晋酥、秦酥等。新选出的发展潜力较大的早熟梨品种有翠冠、七月酥、早酥、金水酥等；中熟品种有八月红、冀蜜、幸水等；晚熟品种有红香酥、新高、锦丰梨等。

目前南方种梨的主要优势有：①南方地区纬度低、气候温和、雨量充沛，同品种在南方种植要比在北方种植早10～15天上市；②品种多，可供选择的梨品种多达几十个，业已在生产上大面积推广的品种也有近10个；③南方梨属砂梨系统，原产于我国长江中下游，本来就适合我国南方高温、高湿的气候，有很强的适应性，不论山地、丘陵还是平地，甚至盐碱地，均可正常生长，并且结果期早、盛果期长，有50～100年的经济寿命，丰产、稳产，有广阔的经济栽培前景。

二、品种的选择

品种的选择应在我国梨的优势区划内，根据当地气候、土壤条件，地理位置和交通条件，选择适应能力强、经济效益高的品种为主栽品种。

1. 适地适树

适地适树是选择品种的重要原则之一。白梨系统适宜在渤海湾、华北平原、山东、河北大部、黄土高原、陕西关中与渭北、山西晋南、晋东南、新疆的南疆及甘肃、宁夏冷凉干燥区。代表品种有鸭梨、雪花梨、秋白梨、黄县长把梨、砀山酥梨、栖霞大香水梨、黄梨、金梨、金川雪梨等。秋子梨系统适宜在燕山、辽西、辽南冷凉半湿区，陕北和西北冷凉半湿区。代表品种有京白梨、鸭广梨、南果梨、安梨、花盖梨、大小香水梨等。砂梨系统适宜在江南高温湿润区、淮河以南长江流域各省。代表品种有二十世纪、苍溪梨、菊水、幸水、新水、黄花梨等。近年来河北、山东、北京等产区，也大面积发展了日韩梨和国内育成的砂梨系新品种，取得了很好的效果。西洋梨系统适宜在辽宁南部旅大及山东胶东温暖半湿区，晋中、秦岭北麓冷凉半湿区。主要品种有茄梨、巴梨、三季梨、日在红等。

2. 消费需要

梨的不同品种对环境条件、栽培技术要求以及经济价值不同。品种的选择必须以区域化、良种化为基础，以市场的消费需求为导向，以科技为支撑，以可持续发展为动力，立足当前，着眼未来，长短结合，选用市场欢迎和畅销的优良品种。

3. 栽培目的

鲜食品种要求果大、形正、外观美、品质优、耐贮运。加工果冻、果汁品种要求酸甜适口，加工果酒的品种要求糖度高，加工果醋的品种要求酸度大。大型的外销、出口加工基地，要求品种优、规模化发展。地区调节的则要求早、中、晚熟品种搭配，多品种、小面积发展。技术力量雄厚的地方，宜选用栽培技术要求高、能生产高档果品的品种。技术力量较薄弱的，可选择栽培容易、结果早、易丰产、品质较好的品种，以迅速增加收益。具温暖气候优势的地区，可选择早、中熟品种，以补充淡季，增加市场竞争力。具有冷凉气候优势的地区，可选择耐贮运的优质中、晚熟品种，以延长供应期，满足消费者的需求。观光农业发达的地区，可根据观光旅游市场的淡、旺季需求，选择应时优质特色品种,满足观光采摘的需求,促进果农增加收成。

三、提高梨产业竞争力的途径

1. 栽培技术正由传统稀植大冠、粗放经营向现代的矮密、早丰、集约管理方向发展

在栽植、整形修剪、土肥水管理,病虫害防治方面注重新技术的应用。但总的来看,我国梨园仍存在管理粗放,单产低,品质差、品种结构欠优化,商品意识淡薄,商品化处理手段落后等问题。随着新幼树陆续进入盛果期,总产量仍在大幅度上升,果品市场竞争日趋激烈。一些树种由于计划不周,准备不足,出现过剩趋势。因此,无论是老基地还是新建园,要取得栽培成功和高效,必须树立商品观念,以市场为导向,做长远、全面的考虑和细致的安排。面向国际市场提高梨品质,占领国际市场是必走之路。

2. 生产基地规模越来越大

重点梨树发展区,要根据全国果树区划和市场需求,结合各地的自然、社会和经济条件,制订出本地的发展规划,不论是国营、集体和个人建园,都应在统一宏观指导下,成片种植,只有这样,才能便于采用现代商品生产手段,便于果园机械化耕作和病虫害综合治理。新建园品种不能多而杂,要突出 1~3 个名优品种为主栽品种,使主栽品种能形成一个批量的拳头产品打入市场。

3. 技术规范标准化,栽培集约化

高标准建园,实行合理密植,实现早果丰产,尽快进入盛果期。按商品果生产的要求,制订出规范标准的技术体系,综合运用现代各种技术、精准管理、集约栽培,充分利用水、肥、气、热、光等自然资源,最大限度地发挥土地和梨树的生产力,实现高产优质高效益。

4. 实施名牌战略

梨果品占领市场，树立起商标意识，创名牌商标并进行注册，提高产品的知名度。梨树园是多年生作物，品种选定栽植以后，少则几年，多则几十年或几百年，影响大而长远。生产者要研究国内市场和国际市场，进行市场调查与预测，同时要求标新立异，领先市场。

5. 提高生产者的文化科学素质，树立爱岗敬业品德，精益求精的精神

梨树栽培生产，是一种职业，要有职业道德。树立热爱梨树生产的职业观很重要，有了热爱梨树栽培思想，才能更深入地去追求，只有不断去追求、探索，才能有更大进步。不断学习书本知识和前人的生产经验，认真去从事实践劳动，干好每项工作，才能实现高产、优质、高效益。

第四章 梨树育苗与高接换种

苗木繁殖是梨树栽培的基础工作，果树苗木繁殖方法很多，但目前应用最多的是嫁接繁殖，嫁接苗由地下部的砧木与地上部的接穗组成，嫁接繁殖是一种无性繁殖方法，能保持品种的优良性状，提早结果获得丰产，利用砧木的抗性增加对环境的适应性，如增加了抗低温、干旱、耐涝、耐瘠薄和盐碱能力。因此，苗木繁育直接关系到梨树生产的品质、产量和经济效益。

第一节 圃地的选择与建立

一、苗圃地选择

苗圃地是保障梨苗顺利成活生长的基础。苗圃地应选择交通方便、避风向阳、水源充足和排灌良好的平地和缓坡丘陵山地（图4-1）。苗圃地要求土层深厚、土壤肥沃。一般以沙质壤土较好。黏重土壤易板结，不利于出苗，影响幼苗根系生长发育。土质瘠薄，肥力低，保水能力差的沙地也不宜做苗圃，沙土地漏水漏肥，不利于苗木生长。盐碱地育苗易使幼苗发生盐碱危害，导致幼苗死亡。苗圃地必须要有灌溉条件，种子萌发和插条生根、发芽，均需保持土壤湿润。幼苗生长期根系较浅，耐旱力弱，要及时灌水，促使幼苗健壮生长。

苗圃地的选择应考虑地理位置、地势、土壤和灌溉等条件以及周围植被等环境因素。

图4-1 梨苗木基地（浙江省龙游县瑶山村）

1. 地理位置

交通方便、远离疫区、靠近水源、能排能灌、排灌自如的地方。凡有检疫性病虫害和它们寄生的杂草及有污染的地方，均不宜建立苗圃。

2. 地势

排水良好、地下水位低、光照充裕、坡度低于5°、坡向背风向阳的地方育苗。高山、陡坡或地势低洼、光照不足的地方不宜建立苗圃。

3. 土壤

应选择土质疏松、通透性良好、有机质含量丰富、肥沃的中性或微酸性的沙壤土为宜。

此外，规模较大的专业苗圃还应考虑良种母本园和砧木采种圃的建立，保证砧穗的配套供应，同时还应考虑苗圃地的轮作休闲。

二、苗圃地的建立

1. 苗地整理

疏松肥沃的土壤环境是梨苗木旺盛生长的基础。苗圃地一般要深翻20~40cm，过浅不利于蓄水保墒和根系生长。育苗之前进行整地，一般的播种育苗都在春天进行，整地也在春天进行。整地要做到精细整地，用于播种育苗的苗圃地，地表10cm以内不能有较大的土块。种子越小要求整地越细，以满足种子发芽和幼苗生长对土壤的要求。

2. 圃地翻耕

苗圃地一般在冬季进行深翻，施足有机肥，早春再耕耙一、二次，使土壤细碎松软，畦面平整，以改善土壤的营养状况和理化性状，为苗木的生长创造良好的环境条件。翻耕深度一般在30cm左右，结合施有机肥进行改土。

3. 苗地施肥

为改良土壤、提高肥力，促进苗木生长，确保苗木质量，整地前要施入肥料。每亩施基肥以腐熟的厩肥或堆肥2 500~5 000kg，草木灰150~200kg，过磷酸钙15~20kg或钙镁磷肥150~200kg，把肥料翻耕到土壤中。播种前每亩再施腐熟人粪尿500kg或复合肥50kg做底肥。播种或移植前用3%毒死蜱颗粒剂30~60kg/hm^2，进行土壤杀虫处理。

4. 整平畦面

畦面宽120~150cm，畦沟宽×深为（25~30）cm×25cm，围沟宽×深为30cm×30cm。像海棠、杜梨等小粒种子，通常用平畦育苗。地势低洼，土质黏重，灌水条件好的地方，可采用高畦育苗，以利排水和提高地温。

第二节 砧木苗的培育

用种子播种培育出来的苗木称为实生苗。实生苗通常用作砧木,在砧木实生苗上嫁接梨栽培品种,培育成嫁接苗木。砧木实生苗种子来源多,抗逆性强,育苗成活率高,便于大量繁殖。因此,梨树育苗中普遍采用砧木实生苗来嫁接生产果苗。

一、砧木品种的选择

我国梨的砧木资源丰富,分布面广。一般都利用当地的野生种和半栽培种做砧木。常用的砧木有杜梨、豆梨、褐梨、秋子梨和砂梨等。

1. 杜梨

别称棠梨、土梨、海棠梨、野梨子,灰梨。杜梨为野生种,是我国北方主要的乔化砧木,属蔷薇科梨属落叶乔木,株高10m左右。枝常有刺,叶菱状卵形至长圆形,伞形总状花序,有花10~15朵,花瓣白色,花柱2~3。果实近球形,褐色,花期4月,果期8~9月(图4-2)。主要生长在海拔50~1 800m的平原或山坡阳处,分布在我国的辽宁、河北、河南、山东、山西、陕西、甘肃、湖北、江苏、安徽等地区。杜梨适生性强,喜光,耐寒、耐旱、耐涝、耐瘠薄,在中性土及盐碱土均能正常生长。杜梨生长旺盛,根系发达,须根多,适应性广,抗旱抗涝,耐盐碱,特别是与砂梨亲和性好,结果期早,丰产性好,寿命很长,是南北各地梨育苗区采用最多的砧木。

2. 豆梨

豆梨为蔷薇科梨属的多年生落叶乔木,别名鹿梨、棠梨、野梨、鸟梨等,原产我国华东、华南各地至越南,有若干变种。常野生于温暖潮湿的山坡、沼地、杂木林中,可用作嫁接西洋梨等

图4-2 杜梨砧木母树

的砧木。树冠较大,树形倒卵形,株高达3~5m,冠幅4~9m。小枝幼时有绒毛,后脱落。与杜梨的主要区别是:嫩枝及1~2年生枝叶均无毛,也无刺状枝;叶阔卵形或近圆形,线端突尖,基部多数圆形,锯齿浅而钝圆,果小,球形,褐色;萼片狭窄,稍短于萼筒,成熟后脱落(图4-3)。产于山东、河南、江苏、浙江、江西、安徽、湖北、湖南等地。适生于温暖潮湿气候,在海拔80~1 800m的山坡、平原或山谷杂木林中。

3. 褐梨

褐梨乔木,高达5~8m;野生于华北各省,主要分布于河北省、山西省、陕西省、山东省、河南省。植株与杜梨相近,但褐梨比杜梨叶型大,锯齿较细,叶柄没有白色茸毛。果实较大,球形或卵形,直径2~2.5cm,褐色,有斑点,萼片脱落;果梗长2~4cm。花期4月,果期8~9月。本种为白梨和砂梨的砧木,树势生长旺盛,但结果稍迟。

4. 秋子梨

秋子梨是乔木,高达15m,树冠宽广;嫩枝无毛或微具毛,

图 4-3 豆梨砧木母树

叶片卵形至宽卵形;花序密集,苞片膜质,线状披针形,萼筒外面无毛或微具茸毛;萼片三角披针形,花瓣倒卵形或广卵形,白色;果实近球形,黄色,直径 2~6cm,萼片宿存,基部微下陷,具短果梗,长 1~2cm。花期 5 月,果期 8~10 月。该种抗寒力很强,适于生长在寒冷而干燥的山区,海拔 100~2 000m。主要野生于中国东北三省,即黑龙江、吉林、辽宁、内蒙古、河北、山东、山西、陕西、甘肃省均有分布。本种抗寒力很强,适于生长在寒冷而干燥的山区,海拔 100~2 000m。亚洲东北部、朝鲜等地亦有分布。

5. 砂梨

砂梨原产长江流域及其以南地区,分布在我国的河南、江苏、浙江、上海、安徽、江西、湖北、湖南、福建、四川、广西壮族自治区(以下简称广西)等省份,在国外以日本、韩国、朝鲜等国栽培较多。砂梨果实多数为大果型,且形状整齐,多数呈圆形或扁圆形,也有长圆形和卵形的,果皮色泽多数为褐色或绿色,果点较大,一般无蒂,果梗较长,易于和有蒂而果梗短的秋子梨区分,果肉白,水分多,肉质较细嫩且脆,石细胞少,味甜爽口（图4-4）。砂梨具早果性，即开始结果较早，其初果期一般为当年嫁接苗定植后的第三年。砂梨树生长势较旺，生长结果期长，生长适宜于高温、高湿的环境。砂梨是原产于中国的4个梨栽培种（砂梨、白梨、秋子梨、新疆梨）之一，以果肉中含有砂砾状的石细胞而得名。适于在温暖多雨地区栽培，种质资源丰富，栽培历史悠久，果实巨大，肉质细嫩，风味浓甜，成熟期多样，结果早，丰产性强。具有耐热、抗旱、高度抵抗火疫病等优异性状。

图4-4 砂梨母树

　　选用对当地环境适应性强，根系发达，生长健壮，易于大量繁殖，对主要病虫害抗性较强，比较抗旱、抗寒、耐涝、耐盐碱的砧木品种。砧木和栽培品种之间还要嫁接亲合力好，成活率高。嫁接以后还必须接穗生长良好，能早结果、丰产优质。因此，要根据本地自然条件和栽培品种，选用当地最佳的砧木种类。砧木品种选择杜梨或豆梨；种子应新鲜、饱满、有光泽。选择优良的种子，是培育优良、健壮苗木的重要环节。

二、种子采集与贮藏

(一) 种子采集

1. 选择优良采种母树

砧木种子的遗传性状与采种母树的性状优劣有密切的联系。因此,采种时应选择对环境条件适应性强、生长健壮、无病虫为害的壮年母树。砧木果实应采自品种纯正,生长健壮,发育良好的植株上,要求种子粒大,饱满,形状端正,色泽新鲜,无病虫为害。

2. 采集时间

砧木种子生产上应达到形态成熟。一般果实从绿色变成其固有的色泽、果肉变软、种子含水量减少,充实饱满,种皮色泽加深即表示达到成熟期,也就是已经到了采收期。有些果树砧木种子,其生理成熟和形态成熟在时期上几乎是一致的,这些砧木种子,在形态成熟后即可采收。种子不能过早采收,早采的种子多未成熟,种胚发育不全,贮藏养分不足,生活力弱,发芽率低。生产上,要等到种子充分成熟后,才适宜采种。9~10月砧木果实充分成熟时采收。

3. 采集方法

采种母树高大的砧木果实,要上树采收,并注意安全。对于果肉有利用价值的砧木果实,要尽量减少果实碰伤,以增加经济收益。

剥除果肉多用堆积软化法,即果实采收后,放入缸内或堆积起来,使果肉软化。堆积期间要经常翻动,切忌发酵过度,温度过高,影响种子发芽率。果肉软化后用清水浸泡,然后捞出种子冲洗干净,铺放在阴凉通风处晾干,不要在阳光下暴晒。一般在干燥后发芽力降低,取种后应立即砂藏或播种。

（二）种子的处理与贮藏

1. 砧木种子的处理

砧木果实采收后堆放腐烂，堆放时不宜过厚，以免堆内温度过高而发热，一般厚度不超过 30cm，堆内温度不超过 40℃。果肉腐烂后，可用搓、揉、冲、淘等方法去净果肉，取得种子晾干备用。去除果肉晾干的种子，常混有果肉、果皮碎屑、空粒、破碎种子和其他杂物。在贮藏前必须清除杂物，精选种子，以提高种子的纯度和质量。经过精选的种子要标明品种名称，严防混杂。

2. 种子的贮藏

梨砧木种子必须经贮藏后熟后方能发芽，如实行秋播可将种子取出后直接播入苗圃地，让其在圃地自然经后熟发芽，通常的做法是实行春播，冬季将种子与沙分层堆放或混存于容器中，沙的湿度保持在捏能成团放能松散的程度，沙过湿要吹风晾干，沙过干要喷水加湿。层积场所应选在室内阴凉处为宜。沙藏堆放高度以不超过 50cm 为宜。贮藏过程中，要经常注意贮藏场所的温度，定期检查湿度和通风状况，发现种子发热霉烂，要及时处理。另外，还要做好贮藏中的防鼠、防虫工作。3 月上旬开始检查种子的发芽情况，发现有 80% 的种子种壳破裂尖端露白时即要播种。

3. 种子后熟和层积处理

种子需要经过一定时间的低温条件才能完成后熟。种子的后熟是种子发育过程中为了躲避冬季寒冷的气候条件而形成的特性。形态成熟的种子不能随时发芽的这种后熟现象叫作休眠。层积处理是生产上最常用、最可靠的一种促进种子后熟的方法，也是砧木种子完成休眠过程的重要手段。

种子秋播育苗，种子播后即进入冬季，可在土壤中通过休眠阶段，因此不需要层积处理。春季播种育苗，播后即进入夏季，没有种子休眠所需要的低温条件。因此必须在前一年冬季进行层积处理，以完成种子的休眠。

层积处理种子的材料，主要是干净的河沙。河沙的用量一般为种子体积的3倍。层积种子的河沙要浇水拌湿，其湿度以手捏成团，不滴水，松手即散开为度。层积方法是先在木箱或较大容器底部铺一层湿沙，再将与湿沙混合均匀的种子装入，上面用湿沙盖好，放入窖内或埋入地下贮藏。如果种子量大，可采用挖沟层积法。一般选择地势高燥、排水良好、背风的地方挖沟。沟深0.8~1m，宽1m，长度随种子多少而定。贮藏种子时，先在沟底铺10~20cm的湿沙，再放入与湿沙混合均匀的种子，堆到距离地面10~20cm为止。上面铺盖10cm厚的湿沙，沙上面覆土，成屋脊形。层积时要在顺沟长方向上，每隔1~2m竖插一束从沟底到沟顶的玉米秸或麦秸把，作为层积沟的通气孔道。开春后，当温度开始回升时，必须注意检查种子萌动情况。

（三）种子质量检验与催芽

新种子生命力强，播种后发芽率也高，幼苗生长健壮。隔年或多年的陈种子，会因贮藏条件不同和贮藏年限长短，不同程度地失去生活力。现在，果树种子都是商品性生产，多渠道经营，新、陈种子混杂不清。购入种子时又不经检验，往往出苗率很低，甚至育苗失败。因此，播种前必须经过种子质量的检验和发芽试验。

1. 种子质量的检验

主要是检验种子的纯度和发芽率。为了确切了解种子的优劣，根据种子质量检验方法进行质量检验后，还应该用下列检验办法，计算种子的纯度和发芽率，以此来确定育苗的播种量。

种子纯度是纯洁种子的重量占被检验种子总重量的百分率。种子发芽率是指种子在适宜条件下的发芽数占全部试验种子的百分率。它是确定播种量大小的一个重要依据。计算发芽率时，要做发芽试验。一般是把经过层积处理的种子，放在铺好湿纱布的发芽皿里，种子要散开排列，互不接触，以方便检查计数。种子上面也用湿纱布盖好，盖上培养皿盖。仁果类种子直接放到培养皿中发芽做好准备工作后，把培养皿放置在温暖或温度适宜的地方，进行发芽试验。发芽试验中，要使纱布保持湿润，切忌干燥、泡水和在太阳光下暴晒。

2. 浸种与种子催芽

播种前种子的催芽处理，通常是指将层积过的种子，移到温度适宜的地方使其发芽，以提高出苗率和出苗整齐度。对于播种前才买来的种子，由于错过了层积时期，在这种情况下，也可采用浸种、催芽的处理方法，打破种子休眠。

三、种子播种

1. 播种时期

砧木种子的播种时期，分为秋播和春播，秋播在 11～12 月进行，春播在次年 2～3 月进行。采用春播还是秋播，要根据当地的土壤，气候条件和砧木种类来决定。

春播一般在春季土壤解冻、气温升高后进行。春播的优点是，种子在土壤中停留的时间短，可以减少鸟、兽的为害。同时，春播地表不发生板结，便于幼苗出土。春播的种子出土后，天气已进入夏季，幼苗不会受到低温、霜冻等自然天气的危害。

秋播是秋末初冬地表尚未结冻之前进行的播种。秋播的优点是，种子在地里越冬，不必进行层积和催芽处理，第二年出土早而整齐。但秋播的种子一定要灌足冬水，以便种子能安全度过冬季的严寒和春季的大风时期。

2. 播种方法

播种方式采取床播为好。床播是把种子先播在条件较好的育苗床上，第二年再将砧木苗移栽到苗圃地里，等移栽成活后进行嫁接。播种方法有条播和撒播两种。

条播是在育苗畦里按一定的距离开沟,把种子均匀地撒在沟内,然后立即覆土。覆土厚度一般为种子大小的 2~3 倍。黏重土覆土要薄一些,沙质土壤覆土要厚一些。秋播覆土要厚一些,春播要薄一些。春季播种后,畦面上可以覆草或覆盖地膜,以起到保墒保温的作用。

撒播主要用于床播。在育苗地施肥整地后,起垄做床、耙细耙平床面,将砧木种子均匀地撒到畦面上,用平耙搂耙入土,促使种子陷入土中,再在种子上面覆上焦坭灰、细沙或细土,厚度以将种子盖住为度,然后后畦面覆盖上稻草或盖薄膜小拱棚的保墒措施。防止大雨冲刷畦面和保温保湿。播种量一般为 7.5~12.0kg/hm^2。

撒播一般在苗高 10~15cm 时进行移栽。条播是在畦面上开出宽约 10cm,深约 15cm 的浅横沟,然后将种子均匀地播在沟里,播后覆土与撒播同样操作。一般条播实行只间苗移栽补缺而不全面移栽。

四、实生苗管理

1. 播后管理

播种后要注意土壤的水分管理,如过干要经常浇水,一般晴天 2~3 天浇水一次,如干旱要每天浇水一次,浇水以淋湿稻草为度,保证土壤湿润,不可畦面过湿,以免种子腐烂。还要经常注意种子的发芽情况,发现幼苗开始出土,选阴天或傍晚揭去覆盖物,去除覆盖物过迟容易形成弱苗,如是稻草覆盖,可揭去 80%,留少量稻草既可防止幼苗基部弯曲,又能保持土壤湿润,还可抑制杂草生长。出苗后要加强肥水管理,薄肥勤施,促进苗木的健康生长。要注意地老虎、蝼蛄、蚜虫、猝倒病、锈病等病虫害的防治。

2. 间苗和移栽

间苗：直播的砧木种子出土以后，当幼苗长出 2~3 片真叶时开始第一次间苗。间苗应在雨后或灌水后进行，间苗与中耕除草结合，拔除杂草，疏除过密生长差的苗，间苗可分次进行。

移栽：当苗长至 4~5 片真叶时，选择阴天或傍晚起苗移植。条播苗长到 8~15cm 高时可对过密地方间疏，缺株地方补栽。移苗时如天气干旱要提早 1~2 天浇透水，移苗时不可伤根过多，剔除劣质苗和病苗，移苗后如天气干旱要浇定根水，保证根系与土壤密接。移植密度为：行距×株距 =（25~30）cm×15cm。

3. 肥水管理

砧木苗生长期间可追肥 2~3 次。前期每次施尿素 5~10kg/亩，以促进苗木旺盛生长。后期施用复合肥每次 8~10kg/亩，以加速苗木的木质化进程。追肥最迟不能超过 9 月底，否则砧木徒长推迟封顶期。施肥时把化肥稀释后浇施，或均匀地撒在畦面上，随后浇水。

根据土壤墒情合理浇水。苗木进入旺盛生长期，需水量大要及时浇灌。秋季气温下降，苗木进入营养物质积累期，需水量小，可以适当控制浇水。到中秋以后，苗木要停止浇水，以防苗木贪青徒长，使苗木加快木质化。入冬以后要灌足冻水，保证苗木安全越冬。

4. 中耕除草

中耕可以疏松土壤，减少蒸发，起到抗旱保墒作用。中耕结合除草，多在浇水和降雨后进行中耕。经常中耕除草，才能促使苗木健壮生长。中耕除草时，操作要细致，不要伤苗。

5. 摘心抹芽与副梢处理

摘心就是把砧木苗的主干顶端掐去。摘心能加快苗木的增粗生长，摘心应在夏末苗木旺盛生长结束前进行。摘心过早，常刺激苗木下部萌发副梢，影响嫁接，摘心过晚则失去作用。采用芽接的砧木苗，当苗木长到30~40cm高时，进行摘心为宜。

抹芽是指及早抹除苗干基部10cm以内萌发的幼芽，当作果苗的嫁接部位。嫁接部位以上的芽应全部保留，促使长成副梢，以增加叶面积，促进苗木加粗。副梢过多过密时，可以少量疏剪。采取摘心、抹芽和恰当的副梢处理措施，能提高当年砧木嫁接率和苗木质量。

6. 病虫害防治

苗木受到病虫为害，轻则影响苗木生长，降低苗木质量，重则引起缺苗断垄，甚至成片死亡，造成育苗失败。因此，培育苗木过程中，必须加强对病虫害的防治，以保证苗木正常生长。

五、自根苗培育

果树育苗中，利用果树的营养器官，如根、茎、枝、蔓等，通过扦插、分株、压条等方法繁殖的苗木，叫作自根苗。自根苗既可以直接作为果苗，又可以作为砧木嫁接育苗。自根苗具有繁殖简便、成苗迅速、生长良好等特点，是果树生产上常用的育苗方法。

1. 扦插育苗法

扦插育苗法，也可以用果树的根进行扦插，这种方法也叫根插法。根插法适用于根上能形成不定芽的果树。梨树可以用剪下来的根段，扦插后繁殖砧木苗。育苗中常利用果苗出圃时剪留下来的根段，或起苗时留在地下的残根进行根插繁殖。一般要求根的直径0.5cm以上，剪成长10cm的根段，然后在苗床上插根育苗。

2. 自根苗管理

自根苗中的分株苗和压条苗，在母株上时就已经生根了，剪下或挖出苗木后及时归圃栽植，栽植后打头、摘心、剪去过多的枝条后，进行正常的水肥管理。对于扦插苗，发芽前要保持一定的温度和湿度，以促进插穗生根发芽。成活发芽后，只保留一个新梢，其余的新梢及时抹除。新梢长到一定高度后，要及时摘心，使苗木长得粗壮充实，提高苗木质量。

第三节　嫁接苗的培育

嫁接育苗就是将优良品种果树的枝或芽接到砧木苗的适当部位上，成活后形成新果苗的育苗方法。嫁接培育的果苗能保证母本树接穗品种的优良性状，提早结果，同时还能利用砧木苗的根系强健和抗逆、抗病性强等优势，提高植株对环境的适应能力，达到梨树的丰产、稳产、优质之目的。

一、砧木选择

选择砧木的关键有两个。一是砧木种子的来源丰富、播种育苗容易，砧木对当地的气候土壤适应性强、生长健壮，对病虫和极端天气的抗性强、不易受害。二是砧木与接穗的亲合力强，嫁接后砧木对接穗品种的生长、结果，都有良好的促进作用。亲合力强，就是指接穗和砧木在内部组织结构、生理和遗传上，彼此相同或相近，嫁接后互相长成一体的能力强。一般来说，接穗和砧木的亲缘关系越近，亲合力就越强；亲合力越强，嫁接成活率就越高。梨于杜梨、秋子梨亲合力都很强，嫁接成活率很高，生长表现良好。

二、接穗采集和贮藏

1. 接穗的采集

嫁接的接穗应采自品种纯正、优质、丰产、生长健壮、无病虫为害的成年结果树上。用作接穗的枝条，应该是组织充实、发育成熟、芽眼饱满的营养枝。春季枝接用的接穗可在秋季落叶后春季萌芽前结合修剪时采集。秋季用的接穗最好随采随用，采下后迅速剪去叶片，留1cm左右的叶柄，以减少水分蒸发。芽接用的接穗采用当年生的新枝；枝接用的接穗可采用1~2年生的老枝。采集接穗时，不要选取内膛枝、下垂枝及徒长枝。外地调运接穗应进行植物检疫，禁止到疫区调运接穗。接穗如需长途运输应采取保湿、降温、透气包装，以免接穗发热，保证其新鲜。接穗应及时挂上标签，标明品种、数量、地点、日期和经办人员等，防止混杂。

2. 接穗的贮藏

秋季芽接接穗最好是就近采集、随采随用，可以随采随接。外地采集的接穗，如果是生长期采集，则采下接穗后要立即去掉叶片，留下叶柄，每40~60根成一捆，在接穗捆上挂牌标记，标明接穗的品种、采集地点和采集时间。然后用湿布包裹接穗捆，外面再用塑料布包装，及时运回来进行嫁接。对于当天嫁接不完的接穗，要妥善贮藏。可将接穗直立在阴凉的房间或地窖内，用湿沙埋住半截，这样可以将接穗保存几天。

冬季采集，准备第二年春季用来枝接的接穗，采集后要打成小捆、挂好标签、埋藏备用。埋藏保存的方法是，在背阳冷凉处挖沟，沟深50cm，宽100cm，沟长视接穗多少而定。沟底铺10cm厚湿砂，把小捆接穗松散的平排在沟内，排满一层后，上面盖20~30cm厚的湿沙，然后盖30~40cm潮湿的松土，高出地面成鱼背形，以防地表积水。梨树春季枝数量比较多，接穗往往都需要贮藏，贮藏方法是取干净河沙，沙与接穗分层堆放，沙的湿度以手插沙手背能粘沙粒为限，过干易使接穗干燥而失去活力，过湿易使接穗霉烂而影响成活。

三、嫁接时期和方法

（一）嫁接时期

梨树嫁接的时期主要是春季，一般在砧木芽萌动前或已经萌动但未展叶时进行。随着育苗技术的进步，嫁接时期也由春季推迟到了夏秋季节。具体嫁接时期根据不同地区、嫁接方法和砧木生长情况而定。如南方梨嫁接时间：秋季芽接9月底至10月中旬，春季枝接2月上旬至2月下旬。

（二）嫁接方法

嫁接方法分芽接和枝接两种。每一种嫁接方法，又可分为许多形式的嫁接方法。芽接是用一个芽片作接穗的嫁接方法。枝接是用具有一个或几个芽的一段枝条作接穗的嫁接方法。芽接和枝接可根据不同生长状况和需要灵活运用。

1. 芽接

芽接具有接穗利用率高、嫁接部位牢固、操作方便，嫁接时间长、嫁接成活率高的特点，适宜大量繁殖苗木。芽接4个基本步骤：一是从接穗上削取芽片，二是在砧木上切割接口，三是把芽片取下插入砧木接口，四是用塑料条绑缚嫁接部位。最基本的要求是，一定要做到芽片与砧木严密吻合；接芽必须在接穗中段选取充实饱满的芽子；接后用宽1cm左右的塑料条绑严、绑紧；嫁接的芽片要将叶片掐去，保留叶柄；包扎时接口四周一定要包严，注意不要碰伤芽片和移动接合位置。

（1）"T"字形芽接。"T"字形芽接是适宜果树种类最多，育苗中应用最广的一种芽接技术。具体方法是，在砧木苗的适当高处，选择光滑部位，用芽接刀轻轻横切一个横口，在横口中央向下切开一个竖口，成"T"字形。然后，从接穗上削取接芽。取芽时，在芽子的上端1cm处横切一刀，深达木质部，然后在接芽的下方1~1.5cm处，将刀口斜向上推，削到横切刀口，取下带木质部的芽片,再剥去木质部备用。用刀尖轻轻拨开砧木上接口两边的皮层,将削好的芽片插入砧木的接口内,使芽片上端与砧木横切口紧密相接,用接口两边的皮层抱住芽片,并做好绑缚(图4-5)。

图4-5 梨丁字形芽接

1. 削取芽片;2. 砧木上丁字形切口;3. 剥开皮层插入芽片;4. 绑扎

"一横一点"芽接方法,是在"T"字形芽接基础上改进的一种快速芽接法。这种接法简便易学,嫁接成活率高,多用于苹果、梨的嫁接育苗。操作程序和"T"字形芽接基本一致,不同点只是在砧木嫁接部分横切后,再用刀尖于横切口中央向下点出一小口,并用刀尖将小口两边皮层轻轻拨开,随即把芽片插入,慢慢推下,砧木皮层会自行裂开。这样嫁接,芽片和砧木结合紧密,成活率会提高。

(2)嵌芽接。早春或秋季利用休眠期贮藏的一年生枝条嫁接苗,砧木和接穗均不离皮时多用嵌芽接。嫁接时,先用芽接刀在接穗上的芽上方向下斜切一刀至芽下1.5~2cm处,再从芽下1.2cm处向下斜切一刀,使芽片呈带木质盾形或舌状。然后,再在砧木距离地面3~5cm的光滑处切成与接穗同样形状的盾形舌片,将其去掉,再将接穗上芽片取下嵌贴在砧木口内,使形成层对齐(至少有一边对齐),用厚度为0.8mm的专用嫁接塑料膜条将接口包严、绑紧即可（图4-6）。春季萌芽生长15天后解膜。

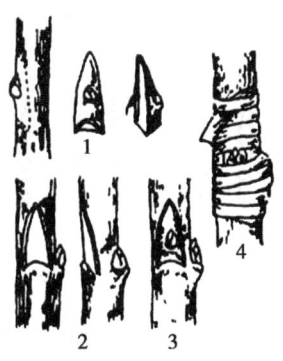

图4-6 嵌芽接
1. 削取芽片；2. 砧木切口；3. 插入芽片；4. 绑扎

（3）工字形芽接与方块芽接。工字形芽接与方块芽接基本方法相同，主要区别在于砧木切口不同，原理相同，具体方法见图4-7和图4-8。

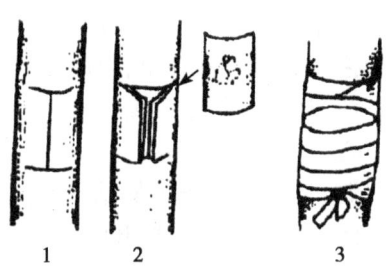

图4-7 工字形芽接
1. 砧木切口；2. 插入芽片；3. 绑扎

（4）套接。套接又称环状芽接，管状芽接或拧笛接。套接是太行山区果农常用的梨树秋季芽接方法。套接法成活率高，但较费工。嫁接时，先将接穗上端剪掉，在1~2个饱满芽的下部

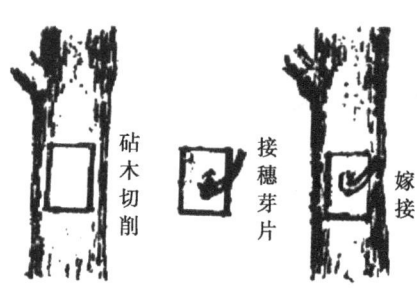

图4-8 方块芽接

环切,用手轻轻将芽套拧下。然后,选择粗细与芽套一致的砧木部位剪断,将上端削成尖形,在与芽套长度一致的地方,将砧木环切,并剥去皮层,将芽套套在剥去皮层的砧木处,使两者形成层紧密吻合,将接口用塑料条绑缚严密即可。

2. 枝接

枝接是用接穗的一段枝条,嫁接在砧木上的育苗方法。枝接具有发芽早,生长旺盛,可以当年成苗的优势。但是,枝接仅适用于比较粗的砧木苗,嫁接比较费工,接穗用量大,嫁接时期也有一定的限制。枝接的时期,多在早春时节,当果树开始萌动而尚未发芽时,是进行枝接的最好时期。枝接的方法有切接、劈接、腹接等多种方法。

(1) 切接。切接法适用于较细的砧木苗。切接的切口不在砧木断面中央,而在断面的一侧,劈开的切口大小要与接穗的直径一致。削取的接穗,与插接法的接穗一样,先从接穗下端削一个长3~4cm的大切面,再在大切面的对面尖端,削一个长约1cm的小切面。接穗上可留1~3个芽,顶芽留在小切面。将大切面朝里,小切面朝外插入砧木切口,使接穗与砧木的皮层两边都对齐。如果接穗和砧木劈口大小不合适时,要使接穗和砧木皮层的一边对齐。插好后,用塑料条绑紧、包严劈口和嫁接部位所有露白的地方（图4-9）。

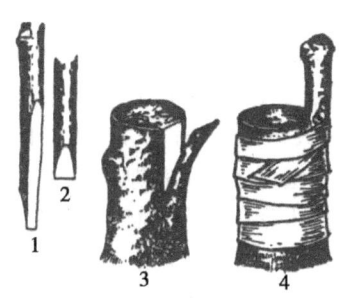

图4-9　梨切接
1. 接穗长切面；2. 接穗短切面；3. 砧木切口；4. 插入接穗绑扎

根切接是梨苗繁殖最常用的方法，又称掘接。是以砧木的根与接穗结合，这种方法出苗率最高，一株砧木苗可以嫁接梨苗2~5株。方法是掘出砧木苗，从根颈处剪去枝干，洗净根系晾干，可随挖随用，也可沙藏备用。嫁接可以流水作业，1人剪根，1人剪穗，2人切砧，3~4人削嵌接穗，3~4人绑扎，可在室内操作，不受天气等因素限制。剪根者将香烟大小的砧根剪成10~12cm长的根段，根的上下端方位不许颠倒。削接穗与嵌插接穗最好是同一人，这样便于选择适合根粗细的接穗，也可缩短伤口外露时间。剪穗者将1~2饱满芽的接穗剪成段；切砧者左手拿剪好的根段，右手握刀，从根段的上口皮层与木质交界处向下切，切时刀口稍向木质部倾斜，深1.5~2.0cm即可。削穗者将接穗削成长短两个斜面，斜面刀口长度与开根的刀口长度相仿或稍短，长刀口向内嵌插入接根内。绑扎者左手食指与拇指捏住刀口，用薄膜或麻条自下而上绑紧即可。根接苗为防雨淋，可用湿沙在室内假植10~15天，待接口开始愈合，接芽将要萌发时移出苗圃地。

（2）劈接。劈接法在果树育苗中，多用于留床的大砧木苗的嫁接。嫁接时先将砧木的小侧枝剪除,把砧木主干剪去上部,用劈接刀在修整平滑的砧木断面中央,垂直劈开深5~7cm的劈口。然后,选取8~10cm长的接穗,下端削成两面等长的平滑斜面,削面长4~5cm,接穗上端保留3~4个饱满芽。然后,用劈接刀张开劈口,把削好的接穗插入劈口内。插入后,要使接穗一侧的皮层与砧木的皮层对齐,接穗削面露出0.5cm左右,将劈接刀拔出,使接穗和砧木紧密吻合。插好后用塑料条绑紧包严嫁接部位、露白处和砧木剪口,以减少水分损失、促进接穗成活(图4-10)。

图4-10 梨劈接过程

(3)腹接。腹接是不剪断砧木,在砧木主干的适当部位进行嫁接的方法。腹接有斜切腹接,皮下腹接,嫁接方法与芽接方法大体相同,这种方法适用于不太粗的砧木苗,而且砧木和接穗的粗细基本一致。嫁接时,把接穗下端削成长面3cm左右,短面1cm左右的楔形削面。削好的接穗上端留2~3个饱满芽,顶芽要留在长削面一侧。采用斜切腹接时,在砧木嫁接部位,用切接刀斜向下切开,一般深达砧木直径的一小半,过深容易劈裂,过浅夹力太小,都不利成活。切口推开后,将接穗插入切口内,长削面朝里、短削面朝外,使接穗两个削面与砧木两个切面的皮层都对齐,用塑料条绑紧、包严嫁接部位。然后,在接口以上10cm处,把砧木剪断。采用皮下腹接时,把砧木皮层切开,插入接穗用塑料条绑扎包严即可。

四、嫁接苗管理

苗期的田间管理主要是做好嫁接苗的剪砧、解膜、除萌、抹芽、摘心、开沟排水、施肥、中耕除草等。

(一) 成活检查与解膜

芽接苗一般在嫁接后15天左右检查成活情况，凡是接芽新鲜，如果保留的叶柄轻碰即掉、芽子饱满，说明已经成活。枝接苗一般在1个月左右检查成活情况，如果接口愈合、接穗饱满，说明已经成活。芽接苗成活后，即可解除绑缚的塑料条。一般来说，适当推迟解绑，芽接苗成活率高，但解绑过晚会影响加粗生长。枝接苗要等到接口充分愈合、接穗新梢长到30cm时解绑，过早解绑接口愈合不牢固，容易损伤接穗，造成嫁接失败。凡叶柄僵硬不易脱落者就是未成活芽，要及时进行补接。

(二) 剪砧与除萌蘖

秋季芽接的苗，接芽通常当年不萌发。因此，要等到第二年春天发芽前进行剪砧。剪砧时，修枝剪的大刃放在接芽一侧，从接芽以上0.5cm处斜向下剪，使接芽背面稍微下斜，剪断成马蹄形，这样有利于剪口愈合和接芽萌发生长。剪去砧木后，砧木基部容易发出大量萌蘖，必须及时除去，以确保有足够的养分供应接芽的新梢生长。除蘖的同时，要及时抹去砧木上的萌芽（图4-11）。

接后管理：次年3月上旬至春梢生长停止期，在接芽上方砧木背面处向下45°剪去。3月下旬至4月上旬解除包扎薄膜带；及时剪破薄膜露芽，留1个健壮枝梢作为主干培育。当苗木长到30~50cm高度时进行摘心，促进苗木主干增粗及分枝。新梢抽发前和新叶转绿期各施肥一次，每次施商品有机肥7.5t/hm^2，或尿素150kg/hm^{2}并加水100倍浇施，9月上旬后停止施肥；适时清沟排水、浇水和中耕除草、培土。梨苗嫁接后秋季的生长情况（图4-12）。

图4-11 梨苗嫁接后的培育

图4-12 梨苗嫁接后秋季的生长情况

（三）土肥水管理

1. 开沟排

苗木最怕积水，要保持水路畅通，涝能排旱能灌。梅雨期注意开沟排水，以防霉根。干旱季节应及时灌水，保证苗木正常生长。

2. 施肥

苗圃地施肥要以薄肥勤施为原则，每月施肥一次，直到8月底。肥料以充分腐熟的人粪尿为主,辅以适量化肥,肥料浓度从淡到浓,施肥量从少到多,以利苗木的正常生长。

3. 中耕除草

及时铲除和拔去苗圃地杂草,要经常浅中耕,疏松表土,增加土壤通透性,操作时要求小心谨慎,谨防损伤苗木。

(四) 病虫害防治

果苗生长期都会不可避免地遭到杂草和病虫的为害。因此,要做好苗期的病虫草害防治工作。播种育苗,可在播种后喷洒乙草胺或氟乐灵,防治杂草出土。幼苗容易感染猝倒病、立枯病,要经常观察、及时防治。猝倒病可用杀毒矾、甲霜灵等喷雾防治;立枯病,可用普力克、甲基托布津、多菌灵等杀菌剂喷雾防治。果苗易受土蚕、地虎等地下害虫为害,可在苗床上喷洒土蚕地虎绝杀等农药,以消灭地下害虫,保护果苗不受为害,使苗木健壮生长,提高出圃率和苗木质量。

第四节 果树设施育苗

采用设施育苗,是为了控制和优化育苗环境,保护果树种子或幼苗,使其能够克服不良气候的影响,并延长果苗生长期,提高果苗的成活率,进而培养出健壮的优质果苗。在果树生产中,常见的设施育苗方法有塑料地膜、小拱棚、塑料大棚等。

一、塑料地膜覆盖育苗

塑料地膜覆盖育苗是一项果树设施育苗的新技术,地膜覆盖育苗主要是在播种或扦插育苗中应用。地膜覆盖的主要作用是提高地温、保持土壤湿度、防止杂草滋生,为种子发芽、幼苗出土和根系生长,提供良好的环境条件。地膜具有良好的透光性和保温保湿性,覆盖地膜的育苗地,能保证足够的光照强度,显著提高土壤温度；能阻断地表蒸发和热量散失，使地表土壤始终保持湿润和温暖的状态。

1. 覆膜方法

播种育苗要先播种后覆盖地膜。育苗床上播好种后，将地膜平铺在苗床上面，地膜的四周压上细土，地膜中间隔开一定距离也压上一点细土，以防刮风时地膜鼓起，被风吹破。压完一幅地膜，紧挨着再压下一幅，用地膜把育苗床整个覆盖起来。对于撒播和条播的种子，幼苗出土时，可以完全揭掉地膜。对于点播的种子，可以在发芽的种子处抠破地膜，把幼苗放出来，再用细土压上破口。对于扦插培育的自根苗，可以先扦插后覆膜，也可以先覆膜后扦插。先覆膜后扦插时，先整好育苗床、盖上地膜，再按照一定的株行距，戳破地膜把插穗插入土中，插口处用细土压上。先播种后覆盖地膜的育苗床，比抠破地膜覆盖的膜内地温高，能早出苗。覆盖地膜育苗，要选择无风天进行，这样可以使盖膜的工作顺利进行。

2. 覆膜育苗的时间

地膜覆盖后能够提高地温，促使果树插穗早发芽、种子早出土。覆盖地膜育苗的时间，可以比正常播种时间提前 10~15 天。但是，地膜覆盖育苗也不能播种太早，如果播种太早，幼苗出土后，有可能遭遇晚霜危害。因为地膜只能起到提高地温的作用，并不能起到防霜的作用。在河北常规播种育苗时间为 4 月下旬，采用覆膜育苗时，可以将育苗时间提前至 4 月上中旬。

3. 覆膜育苗的管理

地膜覆盖的幼苗出土早、生长快，在揭膜前又不能进行土壤追肥。因此，在果苗快速生长期，要根据苗木长势和底肥施入情况，给果苗进行根外追肥，可用 0.1% 尿素或 0.15% 磷酸二氢钾进行叶面喷施，以防幼苗早衰。要及时进行抹芽、打杈和病虫害防治等苗期田间管理工作。进入 6 月后，露地和膜内的地温已经基本一致，且进入多雨季节，地膜覆盖的土壤含水量与露地差异也不大，要揭去地膜，便于进行浇水、追肥等田间管理工作。揭去地膜时要清理干净，不要残留在苗床上，以免造成苗圃地污染，影响以后的育苗工作。

二、塑料小拱棚育苗

塑料小拱棚育苗也叫棚膜育苗。采用小拱棚育苗，能使种子发芽快、出苗齐，可以提前育苗，有效延长果苗的生长期，提高苗的质量；也可以保温保墒，保护果苗不受干旱、大风等不良天气的影响。小拱棚育苗在果树生产上，多用于播种育苗，最主要的是用于嫩枝扦插育苗。用小拱棚进行嫩枝扦插育苗，可以减少嫩枝叶的水分蒸腾，保护插穗处在成活状态，以利于插穗生根。

1. 拱棚的搭建

小拱棚通常用竹片、木棍等物料做成拱架，再覆盖塑料薄膜搭建而成。通常是把育苗地整成宽度2m、长度随地块而定的苗床，播种或扦插后，在苗床中央，每隔2m用木棍插一个立柱，用竹片插在苗床两边，竹片中间固定在中央立柱上。插好竹片后盖上塑料薄膜，小拱棚就搭建完成了。如果拱棚做的比较窄，也可以不要中央的立柱，直接在苗床两边插上竹片，做成拱形小棚即可。

2. 拱棚育苗的时间

小拱棚育苗与覆盖地膜育苗一样，都可以比露地育苗提前半个月育苗。但是，小拱棚育苗比地膜育苗更具有优势。小拱棚的果苗出土后，幼苗仍然在塑料薄膜的保护之下，不用担心晚霜的危害。所以，小拱棚育苗可以比地膜育苗更提前。在河北3月底到4月初，就可以进行小拱棚育苗。

3. 拱棚育苗的管理

小拱棚的棚膜覆盖以后，苗床的土温会很快升高，棚内地温可比露地的地温高出 5~10℃，对种子发芽和幼苗出土十分有利，对幼苗生长也有明显的促进作用。但是，棚内温度高有利病虫害的发生，因此，要特别注意病虫害的防治。小拱棚育苗时，还必须加强对棚内温度、湿度、光照的管理。从播种到幼苗长出第一片真叶时，棚内应有较高的温度和湿度，一般要将温度保持在 25~30℃。较高的温度有利于种子早发芽，幼苗早出土、早扎根。当幼苗生长到 2~3 片真叶时，棚内温度可以稍低一些，一般保持 25~28℃，如果温度超过 30℃ 时，要打开拱棚两头通风降温，同时降低棚内湿度。温度、湿度过高时，可以将棚膜掀开降温。幼苗长大后，可以揭膜炼苗，进入 6 月以后，可以拆除拱棚，进行正常的育苗管理。

第五节　果苗出圃技术

把培育好的果苗从育苗床上挖出来，经过一些处理工序，为果苗定植建立果园做好准备，这一过程就是果苗的出圃。果苗出圃是果树育苗工作中的最后一个环节，出圃工作的好坏，直接关系着果苗的质量及建园的成活率。

一、起苗时期与方法

苗木出圃从晚秋苗木落叶后至次年萌芽前都可掘苗出圃，果苗出圃有春季出圃和秋季出圃两种方式。秋季出圃栽植的苗发根早，故晚秋出圃种植最佳。出圃前要对苗圃内的果苗进行调查，核对果苗的种类、品种、数量，准备起苗、包装的工具和材料。

秋季起苗，一般多在秋季果苗落叶后，至苗床土地封冻前进行。春季起苗，一般在春季土壤解冻后，至果苗发芽前起苗。起苗前，如果苗床的土壤干硬，可提前3~5天灌一次水，这样可以使苗地松软，起苗省工省力，在挖掘中保护果苗根系。起苗时一般用刃口锋利的铁锹挖掘，如果育苗面积较大，可用起苗犁等专用设备起苗。用铁锹起苗时，应先在苗行的外侧挖开一条沟，然后顺挖开的沟行起苗。起苗深度一般在30cm左右，以保证能把果苗的根系挖全。春季起苗越早越好，只要土壤解冻，就可以开始起苗。秋季起苗，要等到果苗全部落叶才行。起出的果苗要及时保护，以防果苗失水过多，影响栽植建园的成活率。

二、果苗分级与修整

果苗挖出后，要按照果苗的要求规格进行清理、选苗、分级。把嫁接未成活的砧木苗、受损伤的残次苗清理出来，挑选出好的果苗。把选出的成品果苗，按照高度或粗度进行分级。一般情况下，根系生长良好，主侧根完整，枝条健壮，达到一定高度和粗度的果苗，可分为一级苗。生长较弱小、挖苗中受损伤的果苗，则不符合出圃要求，不应该出圃。如果育苗中发生严重的病虫为害，这种果苗坚决不能出圃，以防止病虫害扩大传播或造成建园失败。

果苗分级的同时，要进行修整。修整工作主要是剪去受伤的枝梢和根系，以及生长不充实的秋梢和过长的畸形根。修整的剪口要平滑，以利于尽快愈合。对于往外地调运的果苗，为便于打捆、运输，对过长的果苗打头，对侧梢进行疏剪，以提高果苗栽植的成活率。

三、果苗检疫与消毒

植物检疫，是防止病虫害传播的一项重要措施，也是国家制定的强制措施。苗木检疫的目的是防止检疫对象的病虫通过苗木调运传播到其他地区，给建立果园造成较大损失。因此，果苗出圃时，要进行严格检疫，以确保果苗不带有检疫的病虫。果树生产中列入检疫对象的病虫有：小吉丁虫、苹果绵蚜、葡萄根瘤蚜、梨圆介壳虫、美国白蛾、梨黑星病等。培育的果苗如果发现带有上述的检疫对象，绝对不能出圃。苗木出圃外运时，需经过当地的植物检疫机关严格检验并签发证明，才能调运。

果苗栽植前要进行消毒杀菌，可用石灰硫黄粉合剂喷洒果苗，或用石硫合剂浸泡果苗10~20分钟，然后用清水冲洗根部。

四、果苗包装与假植

果苗经过分级、修整、检疫、消毒后，如果是就地栽植，可以将果苗打捆后，当天运到建园的地方进行栽植。如果是外调果苗，在果苗打捆、消毒后，长途调运苗木必须进行包装，依照苗木的大小50~100株打包成捆，运输途中注意根部保湿，一般可用湿稻草、苔藓等填充根部，再用薄膜、编织袋、草袋或蒲包等包裹，然后捆扎牢固。为防止苗木混杂，应在包装物内外系上标签，标明品种、砧木、等级、数量、接穗来源、起苗日期、育苗单位等。如两个以上品种同时起运，还应分别包装，并做明显标记。对于秋季挖出的果苗，如果要等到来年栽植，就必须要进行假植或贮藏。

苗木假植：合格苗木起苗后暂不栽植和外运的可以进行假植。选高燥平坦避风场所，挖宽30cm，深40~50cm的假植沟，分品种松散（也可小捆整）斜放在定植沟内，覆土可至接穗上10cm以上，要保证所覆土与根系充分密接，不留空间，覆土后压实，避免雨水淋刷暴露根系而影响栽植成活。

第四章　梨树育苗与高接换种

出圃苗木要求：苗木接穗应来自优株母本园，品种纯度在99%以上。择根系发达、健康的一级、二级苗木，嫁接口高度须在砧木离地面5cm以上，嫁接口愈合正常，已解除捆缚物，砧木残桩不外露，砧穗接合部的曲折度小于15°，嫁接口形成层愈合良好。

表4-1为浙江黄花梨苗木的质量要求标准。

表4-1　浙江黄花梨苗木的质量要求

项目	指标	
	一级	二级
接口5cm以上苗粗度（cm）	≥0.80	≥0.60
苗高（cm）	≥80	≥60
整形带内壮芽数（个）	≥5	≥4
根系	侧根长度≥20cm、根系发达	侧根长度≥15cm、根系较发达
非检疫性病虫害	无	无减轻

第六节　梨树高接换种

随着梨生产的迅速发展和人们对果品种类和质量需求的变化，由于品种结构和布局不合理，近几年来在我国华北局部地区出现了暂时的、地区性的卖果难现象。为改变这种不利局面，调整品种结构和布局是当务之急。对目前种植面积过大且相对集中的砀山酥梨和鸭梨进行高接换种，压缩其面积调整品种结构，使之处于相对合理的产量水平。如图4-13为浙江省龙游金灿果蔬专业合作社的黄花梨高接翠冠园基地。

图4-13 高接换种梨园（龙游金灿果蔬专业合作社梨基地）

一、梨园和品种选择

1. 树体选择

选择品种老化、品质低劣、园相整齐的梨园。选择树相完整、生长正常的梨树。根据树冠大小选留4~6根大枝，大枝长度保留1~1.5m，使改造后的树体呈"开心形""倒伞形"或其他适宜树形。

2. 高接品种的选择

应根据市场消费需求确定，选择或引进具有特色的优良品种作为主栽品种，使结构和布局尽量合理。如早熟品种中的"早美酥""中梨一号"；中熟品种中的"中梨二号""黄金梨"；晚熟品种中的"红香酥""新高"等。

二、高接换种技术

高接换种时期：花芽萌动前20天至盛花期均可进行，花芽萌芽后2~12天最佳。大枝多位单芽插皮接，适用于直径3cm以上的大枝。小枝切腹接，适用于1~3cm粗的小枝。嫁接高度为1.2~1.5m处，以春季切接或劈接为好（图4-14）。

1. 皮下接（插皮接）

此法操作简便，应用广泛，效率很高，多用于高接换种和老树

图4-14 切接高接换种方法

多头更新,多于春季芽萌发至开花期进行。选光滑无伤处把要嫁接的树枝锯或剪去并用刀削平创面,然后选一段带有2~4个芽的接穗。一手执着接穗,一手拿刀于顶芽对方下部削一长3~4cm的削面,再在长削面背后尖端削长约0.6cm的短削面,然后在树枝断面上要插入的地方将树皮切一约2cm的垂直切口,紧接着将削好的接穗,使长削面向里插入,并注意留约0.5cm削面外露(留白)。如果说砧木较粗为使伤口及早包合,亦可根据情况插2~4个接穗。然后用塑料薄膜剪成一定宽度(一般3~6cm)的条子,对接口进行包扎,尤其是砧木断面伤口,一定要包好以防水分蒸发。

2. **劈接法**

是生产上应用较多的一种方法,多在春季芽萌动尚未发芽前进行。

嫁接时先在嫁接的部位将树枝锯或剪断并削光创面后,在中间切一垂直的劈口。削取接穗时选带2~4个芽的一段,在下部的两侧各削一长3~5cm的削面。削时应外面稍厚,里面稍薄,并应距下部芽1cm处下刀,以免过近伤害下芽。削好后,厚面向外,薄面向里,将接穗插入砧木劈口,务必使接穗的形成层和砧木的形成层对准,同样注意要"留白"。这样有利于愈合伤口。根据砧木粗细,可插2~4个接穗。包扎方法与劈接法相同。

三、高接树管理要点

春季果树高接换头是改劣换优的重要技术措施，搞好果树高接前后各项管理工作，对确保高接成功有着十分重要的作用。嫁接两周后要经常检查接芽的萌动情况，发现芽子露绿并把绑缚膜顶高时，及时在接芽部位捅破绑缚膜，使萌发的新芽露出。

1. 接前管理

梨树高接前应首先浇一次透水，确定好高接的部位，剪除多余的枝条。

2. 接后防虫

嫁接后及时抹除其他部位的萌蘖。梨树高接后伤口部位及接穗上面容易感染病虫，6~8月对金龟子和蚱蝉等食叶害虫要及时防控。应及时检查并打药防治，保证接芽萌发正常生长。

3. 绑支柱

梨树高接后由于愈伤组织木质化时间较长，当新梢长到20cm以上时，应及时绑支柱，用直径2cm左右粗、50cm左右长的木棍作支柱，将其一端绑缚在小枝的基部，另一端将新梢引缚其上，增加抗风能力，防止被风刮折。

4. 肥水管理

果树高接后，树势会受到不同程度的削弱，必须加强肥水管理。应根据树龄及树体大小，施入足量的有机肥及氮、磷、钾复合肥，及时浇水。嫁接前、后各浇一次透水。5~6月追施氮肥一次，7~8月再追一次复合肥，每次追肥后应立即灌水。

5. 整形修剪

高接后的果树树形往往紊乱，原有的树形被破坏，应本着通风透光的原则，及时整形修剪，当新梢长至30cm时应及时摘心。对作为辅养枝的新梢，通过拉枝、扭梢、摘心、开张角度等，促其发芽开花，提早进入结果期。

第五章　梨园营建与大树移栽

果树是多年生作物，栽植后要在固定地方生长少则十几年，多则几十年甚至百年以上，都在同一地点生长结果。因此，建立果园时，首先要对园地自然条件和社会经济状况进行调查研究。在此基础上根据"以粮为纲，全面发展，因地制宜、适当集中"的方针，统筹安排、全面规划，突出重点、合理布局。尽可能地根据环境条件（气候、土壤）选用适宜的树种、品种和砧木，才能生长健壮、结果早、高产、稳产、质优、省工省料，提高经济效益。

第一节　园地选择及规划设计

一、园地的选择

果树是多年生深根性植物，果树又是高产植物，对立地条件要求较高，常常经不起恶劣气候条件的影响，园地的选择依气候、土壤肥力、地下水位、交通状况、劳力资源、市场等诸多因素而有所不同，还要与树种、品种的选择配合进行。

园地选择的依据：气候条件，灾害性气候危害严重地区不宜建园，或设法减少危害。主要包括冻害、雹灾、风害、干旱、涝灾等。梨树怕风，应特别注意防范风害。交通便利，信息畅通。土壤理化性状和天然肥力。树种、品种的生物学特性。忌连作地：在同一园地的土壤中，前作果树使后作果树生长发育受到抑制的现象，称为连作障碍或忌地现象。桃、杏、李等核果类、苹果、梨等仁果类等多数果树都存在连作障碍。其原因有三：①在土壤或前作作物的遗体中积累了对后作作物有害的物质，如老桃树的根皮苷在土壤中水解后，生成氰氢酸和苯甲醛，造成对后作幼年桃树的危害。②线虫和土壤病原物增多。③营养元素不平衡，特别是微量元素缺乏。连作障碍一般发生在前后同种果树的情况，有时不同种果树也有表现。

梨树适应性广，抗逆性强，无论山地、缓坡、丘陵、平地、滩涂均可种植。但以土层深厚、排水良好的沙壤土或轻壤土最佳。华北地区，春季易旱，多风沙，夏季易涝，建园要建好灌排系统，防止旱涝，并建立防护林，防止风沙。由于各品种群间耐寒力不同，其海拔高度会受到一定的限制，特别是我们南方种植的砂梨品种群，其花期常会受到倒春寒寒潮的危害，一般情况下，海拔400m以下不会受到大的影响，但有的梨园建在海拔800m区域，由于小气候条件优越，生长结果仍然良好。

我国山地、丘陵、滩地和海涂地资源丰富，选择梨园时应考虑梨树的生物学特性和对环境条件的要求，进行合理布局和利用。梨园应选择在交通方便，土层深厚，土质疏松肥沃，排灌水条件良好，土壤pH值是5.5~7.5，地下水位0.5m以下，山地坡度25°以下，周围无污染源的地块，背风向阳的低山缓坡地为佳。

二、果园类型

（一）平地果园

平地是指地面高差起伏不大，地势平坦，地面平整，一般坡度不超过5°的缓坡地和比较平坦的地。根据成因和质地可以分为冲积平原、泛滥平原、沙荒地、滨湖、滨海地等。平地土壤差异小，水土流失少，适于各种果树生长。

平地建园，地势开阔、地面平整、土层深厚、肥水充足、便于机械化管理和交通运输。果树生长发育健壮、树体高大、果实大、产量高、果实色泽、风味、耐贮性均可。销售便利，因而经济效益较高。但是，平地建立果园通风、日照、排水不如山地果园；果实色泽、风味、含糖量、耐储性不如山地果园。树势偏旺，进入结果期稍迟，应注意控制。

选择园址时，关键要避开地下水位高的地段。沙荒地、岗坡地均可建园，这两种地排水良好，通气性强，利于果树生长，果实品质也好，是发展果树的良好基地。但沙荒地有机质含量少，保水保肥力差，建园时应采取防风固沙、种植绿肥等措施，改良土壤。盐碱地及滨湖、滨海地在我国有较大面积分布，可选择部分宜林宜果地带，有针对性地采取措施改良土壤，提高肥力之后再建园。

（二）盐碱地果园

盐碱地是指土壤中含有过量可溶性盐类的土壤。改良盐碱地通常采取灌水"压盐"，加设排水沟"排水洗盐"、修筑台田等措施，以降低土壤含盐量。种植耐盐碱的绿肥作物有田菁、苜蓿、草木犀等。另外，可深翻晒垡，熟化土壤，增施农家肥等，以改良土壤结构，或施石膏、黑矾，以降低土壤酸碱度。

盐碱地栽培果树，投入比熟地大，但果树病虫害发生少，果品品质好。梨树耐瘠薄，经济价值高，盐碱地发展树种以杜梨为砧木的鸭梨为宜。一般杂草都能生长的盐碱地可种植梨；但必须加强防盐碱措施。整地刮盐，春季干旱风多，蒸发量大，是返盐碱高峰，地表往往积一层盐结皮，建园时必须把盐结皮层刮去 2~3cm 移走，同时把地整平。定植前可再刮一层。挖坑洗土，碱地栽植树坑应比非盐碱地大些，以 1~1.5m 为宜。挖好后，用大水冲洗树坑，以排走树坑周围的盐分。可以采用沟栽方式，定植前将定植带内的土分往两边，使定植带的窄畦呈沟状。根据"盐往高处走"的盐碱特性，返盐时盐碱分布在两边的高埂上，减轻了对果树的伤害。

(三) 沙荒地果园

沙荒地多为石砾沙性土壤,有机质很少,土壤理化性能不良,应客土换沙,增加细粒土、壤土和黄土,下层如有黏土层,要深翻换土或引洪积淤。在荒滩地建园,要营造防风固沙林带,种植沙打旺等绿肥作物,以提高土壤肥力,保土固沙,待土壤转肥后,再栽植果树。沙荒地土壤贫瘠加之风沙移动易造成植株埋根、埋干和扁冠现象,对果树生长发育有不良影响。但沙地导热系数高,昼夜温差大,果实含糖量高。因此,沙荒地建园要注意防风固沙,增施有机肥,排碱洗盐,改良土壤理化性状,并解决灌溉问题。

(四) 山地与丘陵地果园

1. 山地果园

在生态最适带山地栽培果树与平地比有以下优点,果实色泽鲜艳、品质好,耐贮运,易丰产,树体健壮,寿命长。因此,山地是我国建立果园,发展果树的广阔基地。但由于海拔高度、坡度、坡向、坡位等条件不同,果树生长受到不同的影响。

随海拔高度的变化,温度、雨量、光照等气候条件发生变化,形成不同的分布带,果树的种类分布也不同。选择生态最适带种植适生果树,提高经济效益。海拔较高的种植红色梨,果实色泽鲜艳,品质优良。因紫外线辐射强度高,果树生长受到抑制,表现树体矮小,结果早。

坡度 5°~20° 的斜坡是山地最具代表性的坡度,也是发展果树的良好地段。山地的坡向、坡形的气候土壤环境的变化直接影响果树的生长发育。通常南坡向阳,光照充足,温度较高,昼夜温差大,土壤干燥,表现物候期早、产量高、品质好。但容易发生干旱、霜冻及日灼。北坡与南坡相反,东坡与西坡的优缺点介于南坡和北坡之间。坡地的坡位及地势不同,土壤、水分及肥力也不相同。因此，在不同的坡位选择种植适合的品种，能达到生产上最大的经济效益。

2. 丘陵果园

我国丘陵地约占 10%，一般丘陵地水源较缺，土壤瘠薄，不适于农作物生长，可以成为发展果树的生产基地。丘陵地是介于平地和山地之间的一种地形。丘陵地的气候垂直分布及南北坡向的日照差异不如山地明显，在丘陵地栽培果树其生长结果往往比平地有利，因其排水良好，空气流通，地位适当则日照充足，昼夜温差大，能使果树寿命长，结果早、丰产、品质好、色泽鲜艳、耐贮藏。丘陵地从坡向看，南坡较北坡气温高、日照好，物候期开始早，果实色泽、品质也比北坡好，但南坡早开花的树种霜害较重，冬季树干日灼较多。北坡与南坡相反。东南坡、东坡较适宜建果园。

山地与丘陵地建园，要先修梯田后栽树，提倡修筑反坡梯田、水平等高梯田等。如果先栽树后修梯田，不但操作十分不便，而且可使一部分树埋干过深，一部分树根部悬高露出地面，都不利于果树的生长发育。栽前，进行土壤带状深翻，或栽植穴深翻，施入秸秆杂草等农家肥，改良土壤结构、提高土壤肥力，促进果树丰产稳产。

山地空气流通，日照充足，昼夜温差较大，有利于糖的积累和果实着色。山地果园排水良好，根系发达，有利于养分的吸收。因此，山地果园果实的色泽、含糖量、耐贮性、光洁度等方面通常优于平地果园。但山地建园成本高、管理不便、水源缺乏、水土保持难等。另外，山地气候还具有明显的垂直分布和小气候特点，主要表现为：①随着海拔高度的变化，出现气候和土壤的垂直分布带。一般是气温随着海拔增加而降低，降水增加。由于气候的垂直分布，引起山地植被和土壤垂直分布带的形成。②由于坡形、坡向、坡度的变化，使山地气候垂直分布带的变化也趋于复杂化。丘陵地一般相对海拔高度在 200m 以下的地形，是介于平地和山地之间的过渡性地形，没有明显的垂直分布小气候带。

三、果园规划和设计

梨园规划应根据栽培品种、生产技术和自然环境条件综合决定，布局上要相对集中成片，要考虑园、林、水、路和建筑物的配套，做到统一规划，同步实施，力争一步到位。园地规划要做好果园小区、道路、防护林、排灌系统、生态循环系统、生产生活用房、分级包装贮藏、农资工具仓库等设施规划。

（一）园地调查与规划设计原则

1. 园地调查内容

建园前需进行园地基本情况调查，调查内容有如下几点。①社会经济发展情况：周边人口、劳动力、技术水平、经济发展水平、收入和消费、企业发展状况和城镇化程度、发展预测、贮存加工能力、交通、能源、市场前景。②果树生产现状和预测：果树发展历史、变迁、发展趋势、果树生产情况（果园面积、产量、规模、效益、树种、品种、管理水平）。③气候特点：年均温、最高温度、最低温度、生长期积温、休眠期低温量、无霜期、日照时数、降水和分布、灾害性天气。④地形和土壤条件：海拔、垂直分布、小气候、坡度坡向、土壤类型、土层厚度、有机质、土壤养分、地下水、酸碱度、自然植被及前作物。⑤水利设施：水源、灌排设施。通过调查写出分析报告，参照果树对环境的要求，提出适宜发展的树种和品种。

2. 园地规划设计的原则

建园规划设计要根据当地社会经济发展总体规划、国民经济发展计划和产业发展要求进行编制，规划设计应遵循以下原则：第一是根据建园方针经营方向和要求，结合当地自然条件，物质条件等综合考虑，进行整体规划。第二是根据建园类型选择适宜的品种，品种可划分为主栽品种和搭配品种。主栽品种应是通过当地品种对比试验，在丰产性、抗逆性等方面表现优良的品种，搭配品种是能够满足主栽品种授粉需要且具有一定优良性状的品种。第三是有利于机械化的管理和操作，以降低劳动强度和管理成本。对地形复杂，通过治理能够满足机械化作用的园地，规划时强化治理内容，做到先治理，后开发。第四是注重地下水位及排灌系统的设计，要求达到旱能灌，涝能排。将路、林、排灌等配套内容进行有机结合，提高土地利用率，使果树的占地面积不少于85%。第五是建园前进行土壤改良、蓄水保墒，挖大坑（壕）、施大肥、浇大水等栽植前的整地措施和土壤改良方法，为果树优质高产打好基础。第六是坚持以短养长，结合利用、立体开发、果农结合的开发原则，提高土地利用价值，实现开发效益最大化。规划设计要尊重科学、深入群众，在充分进行调查研究的基础上倾听有关专家和群众意见，努力做到科学、可靠、可行。

具体规划设计的要求：①根据当地的自然条件选择园址，建园前必须对当地的有关气候、土壤条件进行详细调查，看其与所栽培品种对生态条件的要求是否相一致；另外，要根据当地的自然条件，充分利用小区域、小气候特点，克服和缓和不利因素。②根据市场需要确定建园规模和发展品种，现代农业一个最突出的特点就是产业化生产，没有一定的规模，就形不成产地，不能培育自己的市场，打不出自己的品牌，就很难参与市场竞争，取得更大的效益。建园前要对市场进行调查和预测，根据市场需求和经济效益确定发展规模和栽培品种，做到品种对路、供需协调。③交通运输方便，果树大量结果后，及时运往市场销售是生产中的一项重要环节，因此，果园应建在交通方便的地方，如城镇郊区、铁路、公路沿线，以保证产品及时外运。

（二）果园规划设计的内容

果园规划设计是园址选定之后，建园栽植之前，按照"市场主导，效益优先，生态节能"的原则，在充分掌握果园基本情况，做好市场分析预测的基础上，采用高效生态模式，合理规划果园土地及其生产管理设施，科学选配良种，综合循环利用果园优势资源，为果树栽植和生产奠定基础。

果园规划设计要求因果园规模及生产需要等条件而不同，其内容包括生产模式设计、小区划分、道路系统、灌排系统、建筑物的规划、防护林设置等。

1. 生产模式设计

生产模式设计是根据果园现有生物资源和环境资源，通过不同农业产业间的科学搭配，形成合理的生产经营模式，建设生态型果园。生态果园是以果业为龙头，以果园生物间物质能量的循环转化为纽带，建立以果园相关生物为主要循环体系的生态模式，有利于综合利用果树及其他生物资源，防止水土流失和环境污染，达到果园生态系统内各类生物间的和谐发展，为绿色果品及有机农业提供平台，实现经济效益、生态效益及社会效益的可持续增长。

果园的生态模式有三类：第一类是简单的二元结构，如果禽型和果牧型生态果园。果禽型是利用果园散养土鸡，达到一举三得：产蛋、产粪、灭虫。第二类是三元结构，即由动物、植物和微生物组成。如果—牧—沼高效生态果园模式。其沼气池是果园的核心，起着联结养殖与种植、果树与生活用能的纽带作用。其主要内容是果园养鸡，鸡粪喂猪，人畜粪及秸秆进入沼气池，既实现粪便无害化，又产生沼气，用于照明、做饭，沼液、沼渣是果树的优质肥料。第三类是多元结构，如观光生态果园，集生产示范、技术培训、旅游观光、教育功能于一身，已成为城市近郊重要的生态果园模式。

第五章 梨园营建与大树移栽

果园生态模式的设计，首先要根据当地资源、生产力水平选择模式。其次，根据选用的模式科学划分功能区，并与果园其他设施有机配套。

2. 果园划区

果园划区是为了便于山地梨园的水土保持和经营管理，对于面积较大的梨园应划成几个种植区，种植区以品种和山地坡向来划分，最好不跨越山脊，使同一小区内的土壤、气候和光照等自然条件相对一致，山地梨园规划时最好在山顶上保留一定的自然植被和林木，以利调节生态和水土保持。

小区也称作业区，是果园土壤耕作、栽培管理的基本单位。划分小区要使小区内的土壤、气候、光照条件大体一致，便于实行统一生产管理和机械作业，同时也应有利于防止水土流失和风害。

平地划分小区根据果园的自然条件、气候条件、果园面积来确定。平地果园小区面积以 6~10 亩为宜，为便于机械操作，其形状采用长方形，长宽比为（2∶1）~（5∶1），小区的长边最好与当地主风向垂直。平地小区的方位，长边应南北向，增强光照，长边与果树行向一致，便于管理。

山地、丘陵果园划分小区可因地制宜，灵活进行。生产上常以自然分布的沟坡、渠或道路划分，小区面积 2~5 亩，小区形状可根据地形采用长方形、梯形或平行四边形，其长边必须与等高线平行，这样可以减少土壤耕作和排灌等工作的困难，从而提高劳动效率，还可以减少坡地的水土流失（图 5-1）。

果园小区划分好后同时要考虑品种种植划分，为便于生产管理种植区内的品种应相对一致，但由于梨自花结实率很低，品种安排时应主副品种合理搭配。

3. 道路系统

道路规划以便于梨园的管理和交通运输为原则，果园道路一

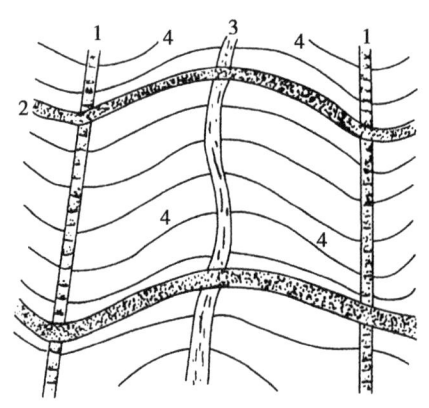

图 5-1 山地果园小区的划分
1. 顺坡路；2. 横坡路；3. 总排水沟；4. 小区

般由干路、支路和区内小路三级路网组成。

干路是梨园内的交通大动脉，内接各条支路和种植区各项设施场所，外接公路，路宽以能通卡车为原则。干路是果园的主要道路，一般设在园内中部，纵横交叉，把果园分成几个大区，内与建筑物相通，外与公路相接，路宽 6~7m。支路是连接干路和小路的通道，路宽以能通园地操作机械为原则。支路与干路相连，宽度 4m 左右。一般小区以支路为界。小路又称操作道，是梨园生产管理操作用的，路宽以担肥、拉板车不受阻为原则。小区中间可根据需要设置与支路相接的区内小路，宽 1~2m，便于作业。干路和支路要环山而上，小路坡度应控制在 20°以内。

山地果园的道路应根据地形修筑。干路宜选坡度较小（以不超过 10°为宜）的地方，顺山坡修盘山道。横向干路按 0.3%~0.5%的比降修筑。支路应尽量连通各等高行，宜选在小区边缘和山坡两侧沟旁。丘陵地果园的干路和支路有时可修筑在分水岭上。修筑山地果园道路,要注意在路的内侧修排水沟,路面稍向内斜,减少冲刷,保护路面(图5-2)。

图5-2 梨园步行道(龙游翠晶家庭农场)

4. 灌排系统

果园水利设施是保证果树优质丰产的必要条件。建园时不可忽视。根据我国整体水资源匮乏、时空分布极不均匀的现状,应以保蓄天然水、节约灌溉水、及时排涝为宗旨,按照果园类型及其存在的最突出的水分问题,设计安排灌排工程。

平地果园多为地下水灌溉,可按6~10亩配一眼机井。在灌溉手段上,应积极推行管灌、喷灌、滴灌、渗灌等节水高效型灌溉技术。为了节省土地,水渠尽量与道路、防护林相结合。排水系统由集水沟、支沟、干沟组成。集水沟与树行一致,其末端连接支沟,最后汇入干沟,由低处排出。

山地果园坚持以蓄为主,蓄排并重的灌排工程。首先,采用修建小型水库、蓄水池、引水上山、旱作栽培等方式解决灌溉水源,通过输水配水系统(防渗渠或管道)进入果园,进行灌溉。其次,采用梯田保蓄天然降水,并利用梯田背沟作为灌溉水渠和排水沟,用自然沟作总排水沟。

(1) 果园灌溉系统的设计。

蓄水和引水:丘陵和山地果园可在溪流不断的山谷或三面环山的凹地修建小型水库。水库位置应高于果园。堰塘的位置应选在坳地。引水上山可采取自流式取水和扬水式取水。

果园的输水系统:包括干渠和支渠,果园输水渠的设计要求:①位置要高。干渠的位置应当设在分水岭地带,支渠亦可沿斜坡的分水线设置。②要照顾到小区的形式和方向,并与道路系统相结合。③输水渠道距离要短。④输水渠的渗透量要求最小。按 1/1 000 左右的比降修干渠,支渠的比降在 1/500 左右。

灌溉渠道:灌溉渠道紧接输水渠,将水分配到果园小区中去的输水沟。输水沟可用明渠,也可用暗渠。现代化果园的灌溉渠道,皆用有孔的管道埋于园中,可以自动调节。山地果园的灌溉渠道,结合水土保持系统沿等高线按照一定的比降挖成明沟。这种明沟可以排灌兼用。无论是平地或坡地,灌溉渠道的定向都应当与果园小区的长边一致,而输水的支渠则与小区的短边一致。灌溉渠的密度可与果树行数相等,或为果树行的倍数。平地果园,如进行沟灌,则可不另开灌溉渠。

现代化果园除了采用地面及地下管道浸润灌溉外,也可用喷灌和滴灌。

(2) 果园排水系统的设计。果园排水系统的规划和设计,主要是解决土壤水分和空气的矛盾。排水沟之间的距离可根据地下水位、年降水量和最大降水量以及土质、树种而定。山地丘地果园,雨季冲刷加剧等都需修排水系统。常用的排水措施有明沟排水和暗沟排水两种。

明沟排水:在地面掘明沟排除地表径流。明沟挖得深时也兼有排地下水过高的作用。山地果园宜用明沟排水,排水系统宜按自然水路网的趋势设计,由集水的等高沟和总排水沟所组成。排水沟的比降一般为 0.3% ~ 0.5%。在梯田化的果园中,排水沟应修在梯田的内沿,又称背沟,比降与梯田一致。总排水沟应设在集水线上,它的方向应与等高线成正交或斜交。在采取等高撩壕进行水土保持时,集水沟应与壕的行向一致。平地果园的明沟排水系统是由果园小区的集水沟和小区边缘的支沟与干沟3个部分组成。干沟的末端为出水口。果园小区行间的排水沟和灌水沟的位置是一致的。果树行间排水沟的比降朝向支沟,支沟朝向干沟,沟与沟相结合的地方必须有一弧度。以免泥沙阻塞,影响水流速度。

暗沟排水:地下埋置暗管或其他补充材料,形成地下排水系统,将地下水降低到要求的高度。暗沟排水的优点在于不占用果树行间的土地,不影响机械操作,可以免除明沟排水的缺点。但是暗沟的装置需要较多的劳力和器材。在一般情况下,暗沟深度可在 0.8~1.5m。其深度、沟间距离可根据不同土质酌定。

5. 建筑物规划

建筑物包括包装场、贮藏库、管理用房等,本着少占耕地的原则,按照需要设置在最便于工作的地点,以利于管理和生产。在果园整体规划中,果树栽培面积应占总面积的 80%~85%、防护林占 5%~10%、道路约占 4%、苗圃、建筑物等约占 3%、绿肥区约占 3%。

建筑物的设置,梨园的建筑物包括办公场所、生活区、养殖场、仓库、工具房、包装场、贮藏库等,这些场所都要安排在交通方便的地方。果实贮藏窖要选冷凉、高燥的地点修建,有利于果品贮藏,便于运输。另外,还应考虑粪池、沤肥池、蓄水池的建设,以方便施肥、灌水和用药。

6. 坡地果园的水土保持

果园水土保持主要是指山地和坡地果园在雨水过大或过急的情况下,不能完全渗入土壤中,会出现地表径流,土壤因其冲刷侵蚀,冲走地表肥沃土层,甚至造成冲刷沟,破坏土壤肥力和地表状况，影响果树正常生长发育及耕作管理。坡地果园由于坡度和降水的关系，地表径流常引起坡地果园土壤的冲刷，造成大面积的片蚀和沟蚀现象，致使坡地果园水土流失。因此，采用经济有效的水土保持工程，是防止水土流失，夺取坡地果园丰产、稳产和优质的根本措施。

影响水土流失的主要因素有自然因素和人为因素。①自然因素，主要包括地形、降雨、植被和土壤因素。建园时坡顶自然植被要注意保护或人工植林种草。土壁梯田的梯壁宜种植笤条、玫瑰、野葡萄等灌木或自然生草来护壁保坡，防止水土流失。②人为因素，主要是指滥砍滥伐，不合理的开荒或过度放牧，使自然植被破坏造成冲刷。建园时要对其上部和层面的林地、荒地合理利用。

水土保持工程的类型有梯田、撩壕、鱼鳞坑、生草植被等。还可通过改变地形、增加植被覆盖、改良土壤、避免不合理的操作等措施。生草植被防止水土流失的作用十分显著。梯田、撩壕、鱼鳞坑等修好后，应进一步利用植被覆盖，防止土壤冲刷，或种植宿根性的护坡植物，也可种绿肥或间作物。并可将茎干割下用果树干周的覆盖物，防止土壤水分蒸发，增加土壤有机质。果园梯田的构造如图5-3。

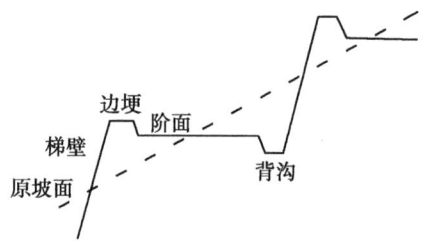

图5-3 果园梯田构造

7. 营造防护林

梨是最怕风的果树种类之一，营造防护林是梨园建设的主要内容，目的是改善梨园的小气候环境，有利于梨树的正常生长。其作用一是降低风速，在有林带保护的范围内，可降低风速39%~48%，预防或减少风害；二是调节温度，林带保护范围内平均提高气温0.3~0.6℃，并能增加有效积温，提高梨园的空气湿度；三是在易发生果树冻害的地区，减轻霜害、冻害，提高坐果率；四是山地和坡地果园设置防护林，还有保持水土，减少地表径流，防止冲刷，涵养水分的作用。

果园设置防护林，有利于改善果园的生态条件，保护果树的正常生长发育。在北方春季风多风大的地方，常造成树冠倾斜、叶片破碎、花丛萎蔫，吹走肥沃的土壤，造成严重的风蚀，甚至吹折枝干。因此，果园设置防护林是发展果树生产，提高果树产量和品质的一个重要技术措施。

防护林的防护范围与林带结构、配置、高度及果园所在的地形等因素有关。一般情况下，在背风面的防护距离大约等于林带树高的25~30倍，减低风速效果最好的距离是树高的15倍左右。在迎风面，大约在林带树高的5倍距离内，能有效地抑制风速。

果园防护林的类型：根据结构和作用可分为不透风林带和透风林带两种。①不透风林带，这是一种从上到下都很紧密的林带，由高大或中等乔木和灌木树种组成。林带由大、中、小3种不同高度的树冠组成树墙，风遇到林带时被迫上升，超越而过，可以显著减少果园内的风速和水分的蒸发。但是由于气流在越过林带不远的地方就下蹿，其防护距离较近，并会停滞冷空气，使果树易受霜冻危害。②透风林带，包括上部紧密、下部透风的半透风林带和上下均匀透风、透光度达20%的全透风林带。风通过透风林带后，风速减低。这种林带保护范围大，通气良好，但局部地区降低风速、增加湿度的效果不及不透风林带。两种林带各有优缺点,应根据具体情况选择采用(图5-4)。

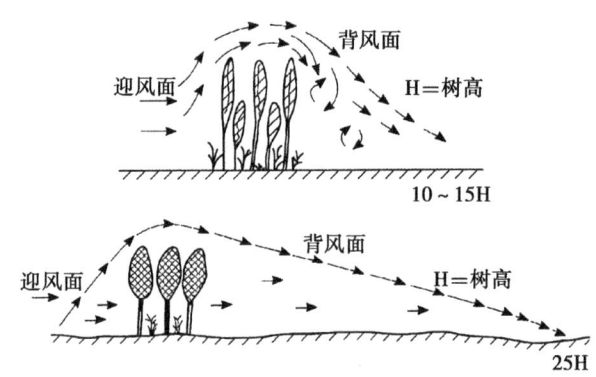

图5-4 紧密型和疏透型防护林的防风效果

防护林种的选择应适应当地气候和土壤条件,生长快,树体高大枝叶茂密,抗逆性强,病虫害少且具有一定经济价值的树种。梨树由于锈病与柏树同患,切忌选用柏树作为防护林种。一般南方山地可用杉木、女贞等;海涂可用木麻黄、紫穗槐等;滩地可用柳树、芦苇、水竹等。北方可选用大青杨、小叶杨、北京杨、落叶松、油松、紫穗槐、榆叶梅等。各地要因地制宜,选择具有经济效益和社会效益的适生树种作为防护林树种。

防护林带的营造:最好在果树定植前2~3年营造,至少也要与果树定植同时进行。乔木的行距为2~2.5m,株距为1~1.5m,灌木的株行距以1m×1m为宜。

林带与果树间的距离,在充分利用土地的原则下,应给机械耕作留有回旋的余地,防止林带遮阴和果树串根。林带与梨园间要有5m以上的距离,沿防风林边缘挖一条深1m以上,宽0.5m以上的断根沟,避免根系窜入果园,以防林果争肥而影响梨树的正常生长。

防护林的设置要因地制宜，山地园依照风和日照的方向，结合山脉走势来确定。海涂和滩地园应结合堤坝、溪河走向、道路等情况营造，总的原则是防护林应设在迎风口上。

四、建园技术

（一）山地建园

1. 建筑梯地

（1）场地清理。准备用作建设梨园的山地，除山顶留一部分植被或留作营造林木外，应把其余山上所有的多年生植物的桩、根以及杂草等挖除干净，以便于筑地操作，同时也避免将来在梨园内重新蔓延生长。

（2）等高线的测定。先在有代表性的山坡顶部选定基点作为等高线的起点，然后顺山坡的山势自上而下定出一条直线作为基线，再在基线上按照设计要求的梯面宽度测定每个水平基点，测基点的方法可用一根竹竿，竹竿的长度应是设计梯面宽度加上梯壁基脚宽度，竹竿一端绑上线锤，另一端放在第一个基点上，将竹竿扶平，线锤与定出基线的触点就是第二个水平基点，依此类推，在基线上测出各个水平点，并在每一水平点上插上竹签作为标记，再用水平三脚架，从每个基点出发向两边坡面延伸测出各个等高点，然后将各等高点连起来便成为等高线。

由于山地坡度不同，坡面凹凸不平，测定的等高线宽窄不一，测完后应适当修改，坡陡的地方去掉一条，平坦的地方加上一条，并按大弯就势，小弯取直的原则调整成平滑的曲线。

（3）筑梯壁。梯壁一般由下坡往上依次砌筑。先在最低一条等高线挖出梯壁基脚，再从基脚沟往上砌，要求砌得牢固结实。梯壁材料可以就地取材，石料来源丰富的砌石壁，石壁应向内倾斜75°~80°。石料来源困难的，草皮砖壁或黏土砖壁，并向内倾斜65°~70°，同时在梯壁上种草，以防崩塌。

(4) 梯面平整。梯面宽度最好在 4m 左右，最窄不少于 2.5m。修筑梯壁时，一边砌壁，一边将上坡的表土翻下来作为梯面表土，要求梯面土壤疏松、平整，略向内倾斜，以便下雨时梯面雨水先渗向内沟再由两端流出，不致使梯地倒塌。梯面的外侧应修建土埂，防止水土流失。

2. 沟渠建设

山地梨园的沟渠建设重点是防止暴雨时的土壤冲刷，减缓水流速度，同时还要做到能涵养水源，防止旱灾。

(1) 防洪沟建设。在果园和周围林木交界处挖一条宽 1m、深 0.5m 的环山沟，以防上山的山洪直冲所造成的水土流失、梯地倒塌、梨树被毁现象。

(2) 排水沟。根据地形、地势和梯地情况，在梯地和主要道路连接处设置纵向排水沟。要求宽 50cm。为缓和水速，沟底应建成阶梯形，并让自然生草，排水量较大的梨园应用水泥或砖块做成三面光沟渠。

(3) 保水沟。在梯面内侧挖一条深 20~30cm、宽 30~40cm 的竹节状保水沟，每条保水沟的两头做一条保水坝，坝顶略低于梯面，保水沟与排水沟相连。

3. 蓄水池建设

为解决山地梨园夏秋干旱和施肥喷药用水，蓄水池和引水沟的建设也是必要的，一般按 10 亩梨园建一个 $20m^3$ 的水池，水池应建在梨园上方较高的位置，如果自然蓄水困难还应考虑挖引水沟从附近的山坑引入水源。

(二) 滩涂建园

我国海涂地资源丰富，近几年治溪打坝，溪改地（田）的面积也很大。溪滩与海涂其共同特点是地面平整，地下水位高，易受风害。不同点是海涂地碱性重，含盐量高，土壤黏重；溪改地通透性好，土壤沙性重，有机质含量低，保水保肥能力差。

1. 海涂建园

(1) 平整土地和小区划分。海涂地建梨园必须先进行土地平整,防止低洼积水,然后搞好小区划分,以有利于排水洗盐和方便管理。

(2) 排盐。海涂排盐方法主要有开沟排盐、蓄淡洗盐和种植养淡3种。开沟排盐是指在平整土地后开深水沟排盐。蓄水排盐是指平整土地后,四周修筑高田塍,灌入淡水,水深保持在15cm左右,蓄水时间半年到一年。种植排盐是指初垦的海涂地上,先种植耐盐和吸盐力强的作物,如咸青、咸草、棉花、大麦等。种植排盐既有利于排出土壤盐分,积累土壤有机质和地面遮阴,防止土壤返盐,又能增加效益。

(3) 筑墩。海涂种植一般应筑墩,筑墩可在秋季进行,筑墩时可先用竹竿确定墩的中心位置,然后在竹竿四周画直径1.5~2.0m的圆圈,把圆圈内的土下挖30~40cm。下挖时应把表土和心土分开堆放,并分层填入腐熟的有机肥料至平面,然后用心土垒在墩的周围,墩内填入有机肥料和表土或客土,筑成中下部直径1.8~2.0m,墩高0.6m,墩顶平面80cm。有条件的地方可全部用客土筑墩。海涂地由于土壤黏重,筑墩时不许敲紧压实,否则会更加坚硬,不但影响梨树根系的生长,还会应土壤毛细管的作用引起返盐。

(4) 沟渠。海涂地由于地势低洼,地下水位高和排洗盐碱的需要,沟渠建设的深度和宽度都要远远超过其他地类。一般沟渠设总渠、围沟和畦沟3种。总渠宽度要求在2m以上,深度在1.2m以上,外通河流,内接各围沟,通向河流的地方要设闸,以防海水倒灌和平时沟底有一定的水量便于蓄水洗盐的作用。围沟设在种植小区四周,要求深1.2m以上,宽1m以上,外接总渠,内连畦沟。畦沟一般隔畦开深沟,沟深60~80cm,宽50cm,通向围沟。

2. 滩地建园

我国河谷平原的滩地资源较多，利用滩地平整和溪改地建园潜力较大，路网建设和三面光沟渠的基础工程需在地面平整前完成，滩地平整是建设田成方、路成网、树成行的示范梨园最理想园地。滩地建立梨园重点是防洪坝建设、土壤改良和灌水抗旱上。

（1）防洪坝建设。滩地一般都临江溪，利用前必须进行溪的治理，建造防洪大坝，防洪坝一般高于园地 2~2.5m，在坝上栽种一些耐脊植物如芦苇、柳树或其他林木树种，既可起到固定坝体的作用，还可以减缓洪水冲刷，再者还是最好的防护林，减轻梨园的风害。

（2）土壤改良。梨属比较耐肥树种，而滩地往往沙性较重，土壤肥力很差，整地时需在加入客土，最起码每个定植穴内施腐熟栏肥 50kg 和客土 2 担（1 担＝50kg）。

（3）抗旱。滩地保水保肥能力差，建园重点是 7~8 月高温期的抗旱，一定要有水源灌溉，没有水源的每一小区要打井，进行抽水灌溉。

第二节 梨树栽植与栽后管理

一、品种选择与配置

1. 主栽品种的选择

必须根据品种的生物学特性与对环境条件的要求，结合当地的立地条件与果园经营方针，本着以短养长的原则来安排。良种也要适地适栽，不同的品种对生态的适应性不同，只有在良好的环境下才能达到丰产、稳产、优质。如距城镇较近处建园，以周年鲜果供应为目的，可以早、中、晚熟品种搭配。同一个园内品种不宜过多，一般以一两个品种为主，其余为辅，以延长鲜果供应期与合理调配劳力和贮运工作。

2. 授粉品种配置

梨树有自花不实现象，异花授粉能提高坐果率，因此，梨树种植要配置授粉树，优良的授粉品种应具有以下条件：①能与主栽品种同时进入结果期，同时开花，且能产生大量发芽率高的花粉。②与主栽品种能相互授粉，无杂交不孕现象，且有较高的经济价值。③与主栽品种的成熟期一致或前后衔接。

根据交通条件和市场需求合理搭配早、中、晚熟品种的同时，根据授粉要求选择好授粉品种（表5-1）。授粉品种与主栽品种的比例一般为1：(3~8)，也可同时栽植两个授粉品种。总之选择花期基本一致、能相互授粉、抗病虫能力强、品质好、产量高的品种作授粉树。如黄花梨为主栽时选择翠冠为授粉品种；主栽品种与授粉品种按（3~4）：1的比例配植。

表5-1 梨主栽品种与授粉品种的配置

主栽品种	授粉品种
鸭梨	雪花梨、锦丰梨、砀山酥梨、早酥梨
雪花梨	鸭梨、砀山酥梨、早酥梨、黄冠梨
早酥梨	鸭梨、雪花梨、锦丰梨、苹果梨
秋白梨	鸭梨、雪花梨、香水梨
苹果梨	锦丰梨、早酥梨
黄金梨	黄冠梨、丰水、幸水
翠冠梨	黄花梨、黄冠梨、清香梨
黄冠梨	中梨一号、丰水梨
圆黄梨	丰水梨、黄花梨、雪青
新高梨	鸭梨、砀山酥梨、丰水
红香酥	砀山酥梨、雪花梨、鸭梨

3. 选用优质壮苗，不用"三当苗"，有条件的选用优质的无毒苗、矮化苗

不同果园授粉品种的配置见图5-5、图5-6。

图5-5 平地梨授粉品种的配置

图5-6 等高梯田梨授粉品种的配置

二、栽植密度和方式

合理密植是增产的重要因素。合理密植不仅可以充分利用土

地和光照，提高叶面积指数，增加产量；还可以增强果树自身的防护作用。但密植也带来操作不便、园内通风透光不良等问题。所以必须合理确定栽植密度和栽植方式。适度的栽植密度能确保合理利用土地资源，形成良好的个体和群体结构，便于各项田间管理，提高功效，生产优质果品，提高经济效益。栽植密度要根据自然环境条件、品种特性、砧穗组合、土壤肥沃程度以及栽培技术而确定。还要考虑整形修剪方法、栽植规模、栽植方式、间作年限、资金投入力度、劳力状况和机械化水平等综合因素。

1. 栽植密度

应根据树体大小确定，树体高大，栽植密度要小，树体愈小，栽植密度愈大。具体栽植距离应因地制宜确定。无病毒苗株行距要比有病毒的增加 0.5~1m。主要梨树常见的栽植密度参考见表 5-2。

表 5-2 主要梨树栽植密度

地区	砧木与品种组合（架式）	栽植距离（m）		株数/亩	备注
		行距	株距		
北方梨	普通型品种/乔化砧	4~6	3~5	33~56	常规种植
	普通型品种/矮化砧	3.5~5	2~4	33~95	计划密植
	短枝型品种/乔化砧	3~4	1.5~3	56~148	计划密植
南方梨	缓坡地普通型品种/乔化砧	3~4	2~3	56~110	计划密植
	平地普通型品种/乔化砧	4~5	3~4	33~56	常规种植

2. 栽植方式

（1）长方形栽植。是生产上最广泛的栽植方式。其特点是行距大于株距，其优点是通风透光好，耕作管理方便，适于密植。

（2）正方形栽植。行株距相等，各株相连成正方形。其优点是通风透光良好，纵横耕作管理方便。若用于密植，进入结果期后树冠易于郁闭，通风透光条件较差，不利于管理。一般正方形栽植多用于计划密植。计划密植是把果树分为永久植株和加密植株，对加密植株采取控制树高和生长，使其大量结果，然后分期间伐达到要求的栽植密度，这样可以充分利用土地和光能，实现早果早丰产。

（3）带状栽植（宽窄行栽植）。一般两行为一带，带距一般为行距的3~4倍。带内可采用行株距较小的长方形栽植。由于带内较密，群体抗逆性强。而带间距离大，通风透光好，便于管理。

（4）等高栽植。适用于山地丘陵果园的梯田、撩壕和气候条件较差的密植果园采用。利于水土保持，使果树栽在等高线上。计算株数时要注意加行与减行问题。

（5）计划密植。为了早期获得丰产，在栽植时按原定的株行距加倍，对临时株数严加控制，使其早结果，待树冠相交时可以隔株间伐或间移。采用计划密植必须要有肥水条件及技术力量，否则易造成果树尚未结果，果园已经郁闭。

三、栽植时期与栽前准备

（一）栽植时期

栽植时期，应根据梨树生长特性及当地气候条件来决定。落叶果树栽植多在落叶后至萌芽前栽植，分为春栽和秋栽。在北方冬季寒冷地区，温度低，苗木越冬易发生冻害和抽条，以春栽为宜。具体时间在3月下旬至4月上旬为宜。在南方冬季较温暖的地区，秋冬栽落叶后至萌芽前种植，有利于根系的恢复，栽植时间在11月中旬至2月下旬，以冬季种植为宜。

（二）栽植前准备

1. 土壤准备

在果树建园栽植前，根据果园不同土壤类型存在的突出问题，有针对性地采取措施，彻底改良土壤，为果树生长及土壤管理奠定良好的基础。

（1）丘陵山地土壤改良。丘陵山地存在的共同问题是地势不平，土层薄，有机质含量低，水土流失严重。土壤改良应以水土保持工程为重点，通过修梯田，抓鱼鳞坑、撩壕等措施，同时对果园进行深翻，换好土，种植绿肥，改良土壤理化性状，增厚土层，提高有机质含量。

（2）黏重土壤改良。黏土因含黏粒多，孔隙度小，空气和水在土壤中不易流动，变化慢，尤其是重黏土，含黏粒高，收缩大，遇干旱龟裂，使根拉断或暴露在空气中，对果树根系生长发育不利。改良的中心工作是掺沙，深翻压埋有机物，多施有机肥，种植绿肥等措施，改善土壤结构，增强土壤透水透气的能力。

（3）沙滩地改良。沙滩地有机质贫乏，土质差，容易移动。改良措施：营造防护林或设立沙障防风固沙；对全园客入一定量的黏土，再施入有机肥，经翻耕，使沙土、黏土、肥料混合均匀，改良土壤结构；还可在定植前连续播种绿肥并适时翻压，增加土壤有机质，提高土壤肥力。

（4）盐碱地改良。盐碱地盐分含量多且 pH 值大，地下水位高，土壤中有机质少且结构差。改良的措施：在预定的果树行间挖沟，将沟内的土加到畦面上，提高畦面，形成台田，使土壤经雨水或灌溉水淋洗后，降低土壤盐分，并利用台田沟排去多余的水分，带走盐碱；在台田上种植耐盐的绿肥，覆盖秸秆杂草，降低水分蒸发，减少盐碱上升，以降低盐分，同时应增施有机肥，增加土壤肥力，改善土壤结构及理化性质。

2. 苗木准备

选用良种壮苗，不论是自育苗或购入的苗木，在栽前都应进行品种核对、登记、挂牌。对苗木进行质量分级，选用根系完整（粗根细根均多）枝条粗壮，皮色有光泽，芽大而饱满，苗高1m左右，无检疫对象优质苗木栽植，这种苗木栽后只要条件好，缓苗快、成活率高、生长健壮，为早结果和早丰产打下了良好的基础。远地购入的苗木，因失水过多应立即解包浸根一昼夜，待充足吸水后再行栽植，如不立即栽植则应假植。

3. 树穴准备

果树是多年生作物，一旦栽上后，土壤就很难再翻动，且果树大多栽在沙滩地与山岭薄地或轻盐碱地，因此栽前土壤改良特别重要。有条件的地方最好全园深翻熟化。如果劳力不足、肥料不足，可按株行距定点挖穴，密植时应定线挖沟，穴或沟的深宽一般为1m×1m，山坡地果园土层较薄而土下为岩石的地区，可采用炸药爆破，黏重土壤，特别是下层有胶泥层的地区，栽前开沟，使沟底有一坡度与排水沟相接，以免雨水过多时积水。沙性土保肥保水能力差，应将沙、土、肥充分混匀后填入穴或沟中。挖穴或开沟时将表土和心土分放两边。填穴（或沟）时应分别掺入有机质和有机肥混匀后各返还原位，不要打乱土层。回填土后应立即浇透水，借水沉实土壤，以免栽后浇水，苗木下沉，造成栽植过深，树体生长不良。此项工作最好在栽前一个月完成。

四、栽植技术与栽后管理

（一）常规栽植技术

果树栽植的基本要求是大穴足肥、熟土壮苗、位置准确、深浅适宜、根土密接、提温保湿。其技术流程是：测定植点→挖穴备肥→分层回填→苗木处理→栽苗灌水→覆膜保墒。

在北方干旱缺水地区栽植果树，通常采用雨季挖穴、覆膜套袋及药剂保水处理3项技术。在第一年7~8月的雨季前，挖好定植穴，并分层回填，回填距地面10~60cm一段时，在回填物中均匀拌入0.1%的保水剂，并用表土将定植穴全部填满，上面再覆盖作物秸秆或杂草。第二年春季在定植穴中央挖直径30cm、深20cm的小穴栽植，栽后覆膜套袋。也可在春季栽植时，先将保水剂放入水中充分浸泡，再与土壤拌匀。目前生产上使用的保水剂有聚丙烯酰胺型、阿奎隆、托弗因等，除拌土外还可蘸根。

挖定植穴：宽×深为1m×0.8m为宜，分层填埋有机肥；定植点上用表土或其他肥土加入0.5kg钙镁磷肥做成定植墩高出地面20~30cm。栽种时，先在定植墩中心挖一个小穴，再把苗木垂直放在小穴内，将根系自然展开，然后用细土填入根间，使苗木嫁接口略高出土面，栽种后及时浇水并定干。定植方法见图5-7。

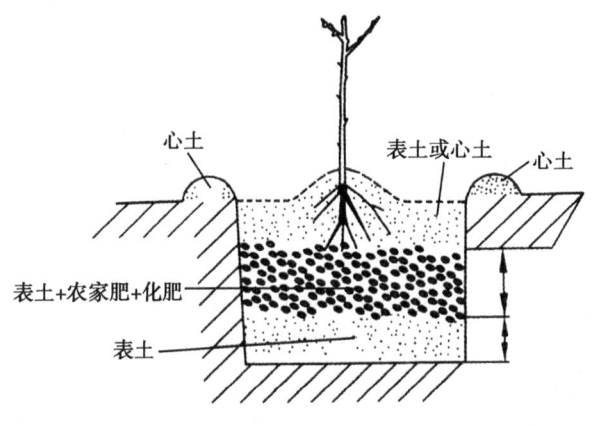

图5-7 定植方法

(二) 栽植后管理

1. 树体整理

苗木栽植后，立即按整形要求定干整形。在整形带内留足饱满芽，将多余部分剪去，减少蒸发，减轻风害，以利成活。定干高度：常规栽培定干高度 0.7~0.8m；棚架栽培定干高度 0.8~0.9m。萌芽后去除 50cm 以下的芽，以集中营养，使留下的芽更好地生长发育。

在春旱地区或秋栽的植株，为防失水抽干，剪口可涂抹一层薄薄的油膜。用普通的润肤油或动物油涂抹，以发亮不见油为度，切忌过厚。风大地区应立支柱。秋栽的树为防抽条应灌冻水，在北方冬季寒冷地区，幼树越冬易抽条，可根据当地情况防寒（如在果树北侧培高 60~70cm 半圆形的土埂，幼树卧倒埋土等）。萌芽后及时抹除砧木上的芽。

2. 土壤管理

春栽的树，定干后立即用地膜覆盖（面积在 $1m^2$ 以上），四周用土压实封严，保水增温。秋栽的树，浇水后封土，发芽时及时扒开，以改善土温及空气条件，并在树干周围墙土盘以利蓄水保墒。种间作物时必须留出树盘。

3. 肥水管理

新叶初展后每隔 10 天喷一次 0.3%~0.5% 的尿素，连喷 2~3 次；6 月土壤追施氮素每株 50~100g；8 月末 9 月初新梢停止生长时，喷 0.3%~0.5% 的尿素或 0.2%~0.3% 的磷酸二氢钾，每隔 10 天一次，连喷 2~3 次。防叶片早衰，促使枝条成熟。为确保成活，应在春栽后浇足水，以后隔 7~10 天再灌一次透水。

4. 防治病虫

主要虫害有金龟子、蚜虫、红蜘蛛、刺蛾、舟形毛虫、天幕毛虫等。具体参照第九章。

5. 其他管理

检查成活率及时补植，对受冻害和旱害的苗木应落到好芽处重截，促发新枝。未成活的植株应立即补栽；防止兽害，在有兽害的地区，在苗木上缚以带刺的树枝或涂刷带恶味的保护剂，如石硫合剂渣滓等以防兽害；大风地区，应设立柱扶苗。灌水后出现苗木歪斜现象，应及时扶直。栽后精细管理的苗木，当年生长健壮，应及早选择确定作主枝用的新梢按整形要求加大角度。

第三节 矮化密植与大树移栽技术

一、矮化密植技术

（一）矮化密植的优点

矮化密植果树要求1年定植、2年结果、3年丰产，生长结果习性方面与乔化果树有很多不同之处，所以它对土地条件、水肥条件、管理的科技水平要求较高。

矮化密植的优点：①早结丰产。矮化密植能充分利用土地和光能，通过采用促进成花的措施，可以获得早期丰产，栽后2~3年结果，6~7年高产。②单位面积产量高。单位面积株数多，增强了光能利用，积累的干物质多用于果实形成。③成熟早品质好。矮化密植果树的果实，比其他果早着色5~10天，成熟早7~10天，色泽鲜艳，大小均匀，商品率高。④便于管理。矮化密植果树的修剪、采收等主要操作，比乔化树提高工效2~3倍，修剪量只有乔化树的28%，采收工效可提高1~3倍，喷药费用大幅降低。⑤品种更新快。优良品种不断出现，果树生产周期缩短，品种更新加快，为提高收入和满足需要，须在短期内更换老、差品种。果树矮化密植栽培8~10年就可以完成一个栽培周期，可以很快更新。

（二）矮化栽培的途径

梨树矮化栽培可以通过矮化品种、矮化砧木和技术性乔砧矮化等措施来实现。

矮化品种：选用腋花芽多易结果的品种及短枝型品种。

矮化砧木：利用矮化砧木实现矮化栽培。梨矮化砧木：榅桲是西洋梨的矮化砧木，法国现在约有 90% 的梨树以榅桲为砧木。生产上应用最多的是 EMA、EMB 和 EMC 3 种砧木。EMC 为矮化砧，EMB 为半矮化砧。榅桲与中国梨之间存在嫁接不亲合现象。

技术性乔砧矮化：①应用生长调节剂有明显的矮化效果，如 B9、矮壮素、乙烯利。②矮化技术，生产上常用环割、环剥、拉、曲、弯枝、吊、扭梢等方法开张角度、控制树势，促使树体矮化。

（三）矮化密植栽培技术

1. 密度与方式

（1）密度：按每亩栽植株数的多少，分为低度密植：株行距（2~2.5）m×（3.5~4）m，每亩 57~99 株；中度密植：株行距（1~1.5）m×（3~3.5）m，每亩 100~222 株；高度密植：株行距（0.5~1.5）m×（1~2）m，每亩 222 株以上。20 世纪 90 年代至本世纪初株行距 2m×3m（每亩 110 株）和 1m×3m（每亩 220 株）。

（2）栽植方式：果树矮化密植园大都采用长方形栽植，树篱式，即行间较宽，株间较密，形成一道树篱，必然涉及光的分布和光能利用及操作是否方便等问题，经研究和实践证明，密植果园以南北行向为好。

2. 整形修剪

（1）整形：树形也由过去的自然分层形、开心形逐渐发展为改良分层形、二层开心形、V 形和自由纺锤形，柱形和独干形等。矮化密植树骨干枝分枝部位必须降低，合理控制花量，及时更新枝组，适量加重修剪，重视夏季修剪。树形有疏层形、树篱形、圆头形等。

（2）修剪：减少骨干枝数量，增加枝组比例，主枝上直接培养枝组。1~3 年生幼树，一般不疏枝，多摘心，不抹芽，轻剪长放，永久性枝壮芽处短截，促进分枝，疏除过密枝。5~6年生树，花芽过多的老枝应重短截促发分枝，疏去过密枝，进行树冠内调整和整形，打开层内改善光照，树高2.5m左右，从幼树结果开始，适当重剪，重视夏季修剪，用拉、弯枝、扭梢、摘心等方法控制生长，用环割、环剥等方法促花，用疏剪改善光照，用短截、摘心等方法控制主枝。

3. 土肥水管理

（1）深翻改土：在栽后3~4年，每年秋季从定植坑外沿向外深翻扩穴，全园扩通并施入有机肥。

（2）树下覆草：园内应果草间作，大种牧草或绿肥，每年割3~5次，直接盖在树下，厚20~30cm；另外，野草、干草和谷、麦、玉米等秸秆都是很好的覆盖材料。

（3）增施有机肥，改善通透性，保温、保湿，防冲刷，夏季降温，冬季保湿。

（4）施肥：以农家肥为主、化肥为辅；控制氮肥、增施磷钾肥；勤施薄施。基肥秋施，追肥在花前花后，新梢停长和果实迅速膨大时进行；生长前期以氮肥为主，中期磷、钾肥结合，后期氮、钾结合。根外追肥，宜先做小型试验，全年5次以上，在无风晴天早晚喷施，浓度0.1%~0.5%。

（5）水分给控：土壤水分低于田间最大持水量的60%~80%就要灌水，每年灌一次萌芽水，其他时期不干不灌；雨涝排水。

4. 病虫害防治

密植果园的小气候发生了变化，尤其是高温高湿时有利于病虫害的发生。因此，防治上要采取有利于果树生长而不利于病虫害发生的方法，如选用抗病虫品种、加强栽培管理、果实套袋、合理修剪、深翻改土、树盘覆盖等，可消灭或减少和控制其发生危害；化学防治上，杜绝高毒、高残留农药的应用，选择最佳施药方法和用药时期，应用高效低毒低残留和生物农药。①休眠期：主要是人工防治，剪除病虫枝和病僵果，深翻改土，树盘覆盖等可减少虫口基数，落叶后和萌芽前分别喷一遍 3～5 波美度石硫合剂。②始花期喷一次杀虫杀菌剂，终花期再喷一次。③幼果期：剪除病虫为害的新梢和果实，果实套袋，落花后 15 天左右喷一次杀虫杀菌剂。④果实成熟至落叶后：果实接近成熟时，病虫果开始脱落，应及时捡拾落地病虫果；落叶后进行清园，清扫枯枝落叶和病虫枝、叶、果、杂草等，深埋或烧掉。

二、大树移栽技术

（一）梨大树移栽的作用

密植梨园后期出现树冠郁闭、通风透光差及产量与品质下降等问题，计划密植园的后期处理，需加密、间移或成龄果园缺株补栽，梨园地的开发征用等原因，都需要进行大树移栽。进行密植梨园的大树移栽，能达到密植梨园的后期丰产和利用移栽树速成新梨园。

（二）梨大树移栽技术

移栽树处理：准备移栽的大树最好先进行断根处理以促发新根。在前一年春季萌芽前距树干 80cm 左右挖深 70～80cm 的环状沟，切断粗根后回填混有农家肥的表土，并适当灌水，促进发根。

树冠回缩修剪：移栽前进行树冠回缩修剪，对骨干枝回缩 2/3 处，骨干枝高控制在 150～180cm 以内，保留好结果枝组，锯伤口用单果保鲜袋包扎，防止水分蒸发及雨淋腐烂。10 月移植时每树留 100 片左右叶，保留适当花量。移栽大树沿半径 40～50cm 挖根圈，尽量多带须根。

移栽时间：大树移栽在春、秋季均可进行，以早春土壤解冻后至发芽前最为适宜。挖树前一周左右应充分灌水，以利挖掘和减少伤根。挖树前对树冠进行较重回缩修剪。在浙江龙游以 10 月中旬至 11 月下旬为宜，秋栽有利于根系生长和第二年的正常开花结果。

移栽方法：为保护根系，最好带土团挖掘，装运过程中应注意保护好根系和枝干。当天挖掘的大树当天移栽，栽前根系进行修剪，保留侧根长40cm以上，将过长根剪短，将粗根伤口剪平，剪口成马蹄形，尽量保留须根。每定植穴撒施钙镁磷肥0.75~1.0kg拌熟土作定根土，将根系修剪后的大树放入定植穴，用100mg/kg生根粉溶液或花木生根灵25mL冲2.5kg水喷湿根部，然后回填混有有机肥的表土，栽植深度以埋至原土印为宜，再踏实土壤，使根系与土壤紧密结合，再用300~500倍的白糖水每株浇25kg左右，最后培土后扶直固定树冠。种植树盘做成馒头形，再覆盖地膜保水，满足根系生长的温度与水分需要，种植后遇连晴天隔7~10天再浇水一次。种植高度要高出畦面20~25cm，以免土壤下陷造成种植过深。每人每天可挖种18~20株。移栽后要设立支架或拉绳，避免树体歪斜，以后根据天气情况及时补水。

（三）移栽后的管理技术

（1）土肥水管理。

水分管理：移栽后当年加强肥水管理，如遇连续10~15天晴天需及时浇水抗旱。特别是7~8月夏秋高温干旱时要及时灌水抗旱，保持土壤湿润。

土壤管理：种植当年应及时中耕松土除草，增加土壤通气性，有利根系正常生长。以后在每年5~7月用百草枯除草一次，12月进行人工翻土除草一次。

梨园施肥：种后第一年、第二年勤施薄肥，一年施肥4~5次。花前肥3月上旬施，每株施复合肥0.3kg；稳果肥在5月上旬、6月上旬施，分别用碳氨加过磷酸钙（各0.25kg/株）浇施一次，6月下旬株施45%氮磷钾复合肥0.5kg；秋季10月上旬株施45%氮磷钾复合肥0.5kg，腐熟栏粪10kg/株。第三年开始全年施3~4次肥：春肥3月上旬施，每株复合肥0.75kg、加鸡粪

15kg；夏秋肥分别在7月上旬、10月上旬施，株施复合肥1.25kg；冬肥12月上旬施，株施腐熟栏粪60kg。

（2）树冠管理。

整形修剪：移栽树第一年修剪，萌芽前疏剪花芽；春季抹芽除萌，6月上旬剪口5cm以内的嫩梢抹掉，防止养分抽发损失。移栽后第二年至第三年的树，在树冠不同方位选留3~4个主枝或延长枝；主枝上选择位置适当的枝条作侧枝，侧枝间距70~80cm。第四五年进入结果期的树，保留足够花芽枝的同时控制单株结果量，据树冠大小和树势情况进行修剪调节，以防出现大小年。对树干较高、内堂空虚的树，去掉中央直立大枝"开天窗"，尽量保留中下部枝条，重新培养骨干枝和结果枝组。

花果管理：移栽当年应摘去全部花朵，减少养分消耗，促进树体生长。管理精细的大树移栽树当年可适量挂果，开花前2~3天疏花芽，每隔10cm留1个，5月上旬进行人工疏果，每果台留一个果，第一年结果量控制在正常结果量的40%~50%为宜，移栽第二年结果量可以达到正常结果量的80%。第一年需继续扩大树冠、增加结果面积，加大分枝角度使树冠向外开展。种后第一年至第二年加强根外追肥，喷美尔果叶面肥3~6次，以弥补根系吸收营养的不足。

其他管理：移栽当年冬季，刮除主干及主枝上的老翘皮及腐烂病等病斑，然后用石灰硫黄配成的涂白剂进行主干涂白，消灭越冬病虫源。冬季修剪锯掉大枝的伤口要削平，再用50%多菌灵800倍液涂抹保护伤口，较大的伤口用塑料薄膜包严，以防雨淋后感病。

（3）病虫害防治。

梨大树移栽园病虫发生特点：通过树冠更新，枝梢发生较多，为害叶片病虫害较多，主要有梨锈病、黑星病、黑斑病、梨叶瘿蚊、梨木虱、梨食心虫、刺蛾等（参见第九章）。

(四) 梨大树移栽成功典型

据报道，山东省平度市在早春发芽前移植6年生丰水梨，移栽成活率达95%，新建66.7hm² 梨园，第三年产量75 000kg；江苏省张家港采用7年生翠冠梨大树移栽及连栋大棚促成栽培，移栽后第二年产量502kg/亩，第三年产量806kg/亩。

浙江省龙游县东华街道上杨村采用十四年生黄花梨和四年生翠冠梨大树移栽，每亩种植密度分别为141.2株/亩和151.4株/亩。结果表明，黄花梨第一年每亩产量达2 081.28kg/亩、5年平均产量达5 454.02kg/亩；翠冠梨第一年产量达1 572.6kg/亩、4年平均产量达3 599.28kg/亩。黄花梨和翠冠梨试验园的平均产值分别达13 269.29元/亩、12 792.72元/亩，进行了梨大树移栽密植速生高产栽培试验，以充分利用梨大树资源提高综合经济效益。生产实践证明，梨树大树移栽不仅成活率高，而且次年就能达到一定产量。2014年秋龙游金灿果蔬专业合作社又建立了黄花梨大树移栽示范基地10hm²，25年生的大树移栽成活率达93.6%，10年生的树移栽成活率达99%，只要移栽时尽量多带根系，加强栽后肥水管理，保留好适当的骨干枝和结果枝组，能够达到移栽当年恢复树势开始结果、次年可以达到高产稳产的目的（图5-8）。

图5-8　龙游金灿果蔬专业合作社梨大树移植基地

第六章 梨园的土肥水管理

第一节 土壤管理

土壤管理是对树盘周围的株间、行间的耕作管理，包括深翻、中耕除草、间作、生草、覆盖和土壤改良等。

一、深翻改土

良好的土壤条件是梨达到优质丰产的基础。梨产量高需肥量大。除了建园时的增施有机质肥料或客土，改善土壤的理化性状之外，种植之后还需逐年深翻改良土壤，增加有机质。不论是幼龄园还是成年梨园，在秋冬季节结合施基肥都进行深翻，以增加土壤的通透性和微生物活动能力，有利于肥分的分解，促进根系生长。

深翻的方式可视土壤状况而定，种植前已经深翻改土的梨园，有条件的可采取隔年轮换，逐年深翻。第一年、第三年、第五年在原穴的两侧挖深 0.5~0.8m，宽 0.5m 左右，长度和宽度视梯面及栽培密度而定。长度略长于冠幅的施肥沟，施入基肥，肥料与土壤分层回填，第二、第四年、第六年在树冠的另两侧用同样方法深翻。成年梨园也可以采用隔行或隔株深翻，每次翻动树干周围土地面积的 1/3 左右，切不可一次性全面深翻而造成伤根过多影响生长。深翻时要注意保护根系，尽量做到少伤根，尤其是 1cm 以上的主、侧根。改土位置，在株间或定植沟两边开始深翻，两个方向隔年轮换进行深翻改土。

改土时间。9月下旬至10月中旬为宜。

改土材料。培客土：例如村边池塘的淤泥用到沙性重的滩地梨园土，可以大幅提高沙质土的保水保肥能力，碱性重的土壤施一些酸性肥料如磷肥用过磷酸钙，反之酸性土壤磷肥用钙镁磷肥。黏重土壤在树盘周围加一些沙性客土。幼树种绿肥，深翻压绿增加有机质含量。粗肥有秸秆、堆肥、青枝绿叶等；精肥有腐熟厩肥，猪、牛栏肥、饼肥等。也可选用田泥、塘泥等客土改良土壤。

改土方法。挖穴改土，先挖改土沟，开沟时将表土、生土分开堆放，然后分层放置改土材料，先填粗有机肥、后填腐熟厩肥，先填表土后填生土，一层肥料一层表土，分2~3层填回，使土壤高出畦面15~20cm。

技术要求。改土沟与定植沟或穴之间不留隔墙；直径大于1cm的粗根要尽量保护，粗根伤口应及时剪平；酸性较强的红壤梨园改土时须施石灰；改土后遇土壤干旱时应灌水一次；幼龄树每年轮换深翻，成龄树每隔2年深翻一次。

二、中耕除草

中耕时间可在2~3月或7~8月进行，中耕的深度10~15cm为宜，为减少化学农药的污染，最好每年采用人工中耕除草一次，至少每两年全园除草中耕一次。化学除草省工、省时、省力，还节约生产成本，每年可在春季或夏秋季进行化学除草，根据不同季节除草需要分别选用草甘膦或百草枯除草剂，同一种除草剂不能连续使用2次，最好轮换使用。只要杂草不严重影响梨树生长，可以在春、秋季节适当生草。在夏季高温干旱来临前或秋冬季杂草结籽前除草一次。化学除草时在喷头上设一个罩子，放低喷头，在晴天的早上露水未干时和下午日落前喷施，切不可喷到梨树的枝叶上，以免引起药害。清耕覆盖法，在7月中下旬除草后用外来草进行树盘覆盖，覆草量每亩约3 500kg左右，能起到降温、抗旱、松土等作用。

三、间作套种

幼龄果园树冠覆盖率低，为了提高土地和光能利用率，增加土壤有机质，促进果园生态循环，通过适当间作增加经济效益。幼龄梨园可与矮秆的豆科作物、西瓜、叶菜类等间作。间作物与主栽梨树之间要摆好主从关系，如植株过高造成遮阴会影响梨树的正常生长，因此，不应间作高秆农作物（如玉米、高粱等）。高秆农作物能够严重影响果树光照，削弱果树叶片的光合作用，使果树不能正常生长和结果。可以间作的矮秆作物如花生、大豆等，间作物与幼龄树主干的距离要保持50~100cm，随树冠扩大，逐年缩小间作范围，使梨树有足够的营养和生长空间。

幼龄园间作的原则，间作物不与梨树争夺肥水、不影响梨树正常生长结果，没有共同寄生的病虫害；选择豆科植物和叶菜类等作物为宜（图6-1）。另外，间作大葱、大蒜等作物还有防病效果，可抑制果树腐烂病的发生。梨是比较耐肥的果树种类，冬季最好套种绿肥，深翻压绿，达到以园养园之目的。

四、生草覆盖

梨园生草并按期割盖是梨园仿生栽培的主要土壤管理方法，其优点是能改善梨园的小气候条件，保水保肥，减少土壤冲刷，减少中耕次数，节约成本。方法是1月底至2月初每亩撒施30kg尿素后进行浅翻，去除冬季留下的杂草，5~6月春草将要结籽，草产量最高时全部割倒并覆盖在梨园上。7~8月结合梨果采收前将夏草割盖在梨园上。杂草腐烂后可大大增加土壤中的有机质。在不套种的园地提倡留草，旱季来临前割草覆盖，覆盖厚度10~15cm，上面零星压土。

图6-1 幼龄梨园套种大豆

建园前要深翻梨园,改良土壤,幼树期可适当间作低矮作物。春季或初夏对土壤耕翻15~20cm,或在树下覆草、盖地膜提高抗旱能力。

第二节 梨园施肥

梨树生长发育所需较多的营养,合理施肥,及时补充养分消耗可促进树体发育良好,有利于花芽分化,减少落花落果,克服大小年现象,提高果实品质,并延长梨树的经济寿命。

一、梨需肥特点与施肥原则

1. 梨树生长发育需要的营养元素

氮、磷、钾是梨树生长发育需要量最大的营养元素,称为肥料的"三要素"。氮、磷、钾也叫大量元素,缺乏或过多将严重影响梨树生长结果。

氮是叶绿素和蛋白质的组成成分,是梨树营养生长的重要元素,氮缺乏,叶片小而薄,叶色变黄,枝叶量变少,果实变小,并容易落花落果。氮过量,枝叶生长过旺,花芽不易形成,枝条不充实,果实品质下降。

磷也是蛋白质的重要构成元素,它能提高光合作用,促进光合产物的产生,有利于花芽分化、果实发育、种子成熟、根系生长的作用。磷肥不足,枝梢不充实,花芽发育不良,果实品质下降,降低抗寒抗旱能力。

钾主要是激活酶的作用,促进光合产物的贮藏运输,使果实甜味增加,促进枝条成熟,枝干加粗,增强抗性。钾素不足,引起碳水化合物和氮的代谢功能受阻,导致营养不良,果实品质下降,树体抗性减弱。

微量元素在梨树的生长发育中需要量虽然不是很大,但也是必不可少的元素,如钙、镁、铁、硼、锌等。钙能促进铵态氮的吸收,保证细胞正常分裂。钙缺少时,叶片小,个别枝条枯死,甚至花朵萎缩,降低果实品质。镁是叶绿素的组成成分,保证叶绿体正常的光合作用,还能促进磷的吸收。缺镁时叶脉黄色或黄白色,继而变成褐斑,严重时引起落叶。铁能促进酶的产生,与叶绿素形成有关,缺铁时叶片失绿变黄,严重时出现枯斑或枯边现象。硼具有促进花粉发芽,加速供给粉管伸长的作用,可提高果实维生素和糖的含量,花期喷硼可明显提高坐果率。缺硼影响花粉发育,果肉发生木栓化,果实品质下降。锌是酶的组成成分。缺锌时新梢变细,叶片丛生小叶,影响植株的正常生长和果实发育。

2. 不同树龄需肥特性

梨树自幼树开始直至整个植株死亡的全过程叫生命周期,生命周期中的生长期、生长结果期、盛果期和衰老期的需肥特性不同。

(1) 生长期:从梨树苗木嫁接开始到开花结果前的时期,一般为 2~5 年。主要任务是促进梨树营养生长,加大枝叶量,尽快进入生长结果期。要有计划地深翻改土，重视使用有机肥，追肥主要使用氮肥和磷肥。

（2）生长结果期，也叫初果期。从开始结果到大量结果前的时期。此期主要任务是促进梨树良好生长，增大枝叶量，培养骨干枝，尽快过渡到盛果期，要继续深翻改土，增施有机肥，补充氮、磷、钾和微量元素。

（3）盛果期是梨树大量结果的时期，相对稳产高产。此期树冠和根系扩大相对稳定，产量与效益达到高峰，是梨树生命周期中需肥量最大的时期。特别需要稳定树势和避免大小年结果，施肥要按树势和计划产量确定施肥量。

（4）衰老期：是梨树生命周期的最后阶段，产量开始下降，新梢生长量少，内部枝条枯死。此期施肥要促进营养生长，更新结果枝，尽快恢复树势，应加大氮肥的使用量。

3. 施肥原则

（1）有机肥为主原则。土壤有机质是土壤肥力的重要指标，有机肥是改良土壤结构、培肥地力的物质基础。有机肥肥效全面，不仅富含有机质和氮、磷、钾大量元素，还有微量元素，可满足梨树生长发育对养分的综合需求。有机肥有利微生物的繁殖活动，增加土壤微生物数量，有利于土壤养分的分解和释放。能改善土壤理化性状，促进土壤团粒结构的形成，协调水、肥、气、热的土壤肥力功能。还能降低土壤 pH 值，调节土壤酸碱度。

（2）全面平衡营养原则。梨树生长发育要求各种营养物质丰富而全面地供给，才能达到梨的丰产优质。虽然各种营养元素在树体内的含量不一、作用不同，但缺一不可。过多或缺少都会造成生理障碍。梨树叶片矿质营养元素含量标准见表 6-1，供参考。

表6-1　梨树叶片矿质营养元素含量标准

营养元素	N(%)	P(%)	K(%)	Ca(%)	Mg(%)	Fe(kg/mg)	B(kg/mg)	Mn(kg/mg)	Zn(kg/mg)	Cu(kg/mg)
缺	<1.3	<0.09	<0.5	<0.7	<0.06	21~30		<4	<10	3~5
低	<1.9	<0.11	<0.7		<0.25		<15		<16	<5
适量	2.0~2.4	0.12~0.25	1.0~2.0	1.0~1.25	0.25~0.8	100	20~25	30~60	20~60	6~50
高						155				

各种营养元素配置合理，比例协调。如氮、磷、钾的配比一般以10∶8∶10为宜，某种元素的过多或缺少还会影响其他元素的吸收和供给。微量元素的含量也需要在适量水平，过多或缺少均会引起树体生理失调。

科学的施肥要根据营养诊断、土壤化验和树相分析来确定，结合生产施肥调查进行配方施肥。

（3）优质安全原则。为了提高梨果实品质，盛果期梨应多是有机肥，一般采用斤果斤肥的标准，每年必须施一次有机肥为主的基肥。同时提高磷、钾肥的比例，在采收前一个月停止施氮肥。

二、肥料种类与施用量

（一）肥料种类

1. 有机肥

常用的有机肥料有经腐熟后的土杂肥（如栏肥、堆肥、绿肥、饼肥等）、商品有机肥（包括纯商品有机肥、有机复合肥、生物有机肥、腐殖酸肥料等），常见有机肥料营养成分含量如表6-2所示。

2. 化肥

主要是氮、磷、钾三要素肥料，钙、镁及微量元素肥料，复合肥及稀土肥料等。

第六章　梨园的土肥水管理

3. 生物菌肥

包括根瘤菌、磷细菌、钾细菌肥料等。

4. 商品肥料需经过农业部门登记、允许使用的肥料

禁止使用含重金属等有害物质污染的垃圾、污泥和其他有机物质等。

表6-2　主要有机肥料营养成分含量

肥料种类	有机质（%）	N（%）	P_2O_5（%）	K_2O（%）
猪粪厩肥	11.5	0.45	0.09	0.60
鸡粪厩肥	25.5	1.63	1.54	0.85
牛粪厩肥	11.0	0.45	0.23	0.50
羊粪厩肥	28.0	0.83	0.23	0.63
稻草堆肥	78.6	0.92	0.29	1.74
麦秆堆肥	81.1	0.18	0.29	0.52
青草堆肥	28.2	0.25	0.19	0.45
菜籽饼	83.0	4.60	2.50	2.00
豆秆		1.31	0.31	0.50
干梨叶		2.24	0.41	0.54

（二）施肥量

梨树的施肥量与土壤肥力、理化性质、肥料种类、树龄树势、结果量、田间管理水平，施肥方法、天气状况有关。生产上只能按一般情况的理论推算，再结合各因素的变化来调整确定施肥量。

1. 施肥量的确定方法

平衡施肥法是确定施肥量较好的方法。可用以下公式表示：

梨树施肥量 =（梨树吸收量 - 土壤自然供给量）/肥料利用率

为确定较为合理的施肥量，必须了解目标产量、植物生长

量、肥料利用率和肥料有些成分含量等参数。

（1）植株养分吸收量：在年生长周期中，植株各器官吸收消耗各种营养成分的总和。但要准确计算这一数据十分困难。以砀山梨为例计算，亩产3 000kg梨果实，需要氮、磷、钾三要素肥料的使用量分别为：氮9~12kg，磷4.5~6kg，钾9~12kg。

（2）土壤自然供给量：在不施肥的情况下，土壤中含有的潜在养分经微生物分解和自然风化释放给梨树吸收的氮、磷、钾和其他微量元素的量。一般情况下，土壤三要素的供给量占果树吸收量的比例为：氮1/3，磷和钾各1/2。

（3）肥料利用率：肥料施入土壤后梨树吸收部分占施入部分的百分比例称为肥料的利用率。一般氮肥的利用率为35%~40%，磷肥为30%，钾肥为40%。肥料利用率受气候、土壤、施肥时期与方法、肥料形态等因素的影响。

2. 施肥量计算实例

亩产3 000kg砀山梨果实氮肥的使用量如下。

（1）植株养分吸收量：每产1 000kg梨果实，需要氮3.5kg，则亩产3 000kg×3.5kg需要氮10.5kg。

（2）土壤自然供给量：氮的自然供给量为梨树吸收量1/3，土壤自然供给量为10.5×1/3＝3.5kg。

（3）亩理论施肥量：氮素肥料利用率按40%计，亩施氮量为（10.5~3.5）/40%＝17.5kg（纯氮量）。

不同商品肥料的含氮量不同，如尿素含氮量为46%，则实际尿素的使用量17.5/46%＝38.04kg。磷、钾也可以用上述方法计算。理论施肥量应根据当地的实际千克和历史经验进行适当调整，以获得最佳施肥量。

三、施肥时期与方法

梨树的施肥要强调秋施基肥和生长季追肥。追肥要早要及

第六章 梨园的土肥水管理

时,萌芽开花期、花芽分化前期、果实膨大期为追肥关键期。另外,叶面喷肥见效快,对树势偏弱和中等的梨树喷氮肥,树势健壮的喷钾肥,当显示缺乏微量元素时,应喷布微肥。

(一)基肥

1. 施肥时期

基肥在梨采收后施,亩施腐熟的有机肥 $3\sim5m^3$,混入适量的速效氮肥效果更好。采果后落叶前施入,秋施基肥,对恢复树势、增加同化产物的积累、提高树体营养贮备都有显著的作用。此时又是根系生长第二高峰,能促进伤根愈合,并产生大量吸收新根。

2. 基肥应以有机肥为主

有机肥能显著地提高梨的产量和品质,配合加施磷钾肥。强调使用有机肥原因如下。

(1)它能较长时间供给多种营养成分,如氮、磷、钾、铁、钙、镁、锌、硼等元素,还有激素、氨基酸、酶等生理活性物质。

(2)改良土壤的理化性质,释放养分,增加土壤腐殖质,改善土壤团粒结构,增加通透性,提高保水保肥能力。

(3)提高肥料的利用率和化肥的肥效。

(4)改善微生物的生存条件,促进微生物的活动和有机质的分解。

(5)有利于土壤中难溶性养分向有效态释放。

3. 施肥量

施肥量与梨的品种、树龄、树势及土壤条件、栽培管理条件都有很大的关系,肥料的缺少和过量都会对梨树的生长结果不利。根据生产实践总结,基肥的施用量应占年肥料总量的60%以上。一般成年梨园年产量在 2 500kg 的,亩施有机肥(栏肥、厩肥、人粪尿等)2 500~3 000kg。

4. 施肥方法

结合深翻进行土施。施肥沟中先施化肥，把有机肥施在上层。第一次施肥应在株间施用，将相邻的两株定植坑挖通，以后从定植坑外缘开始，在行间挖沟（深宽各50cm），逐年向外扩展，直至挖通行间。当全园土壤全挖一遍后，可采用地面普撒并翻入地下的方法施肥。

（1）环状沟施。在树冠外围 20～30cm 处挖 30～40cm 深的环状施肥沟，然后施入肥料后将土回填即成。环状施肥沟随着树冠冠幅的增大逐年外移（图 6-2）。

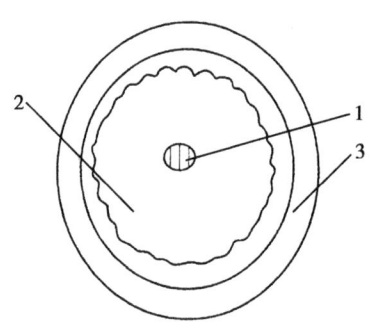

图 6-2 环状沟施
1. 树干；2. 树冠投影；3. 环状沟

（2）放射状沟施。以梨树主干为中心向外纵向挖 5～6 条放射状施肥沟，外深40cm，内深20cm，施肥后将土回填（图 6-3）。

（3）条状沟施。在树冠外围的两侧各挖一条 30～40cm 的施肥沟用上述同样方法施入肥料，可分年轮换方位挖条沟施肥（图 6-4）。

（4）穴施。是在树冠垂直投影边缘的内外不同方向挖若干个坑，直径 20～30cm，深 20～30cm，把肥料施入填平即可，如果要施有机肥，施肥穴要加宽和深 20～30cm，每年要更换施肥

第六章 梨园的土肥水管理

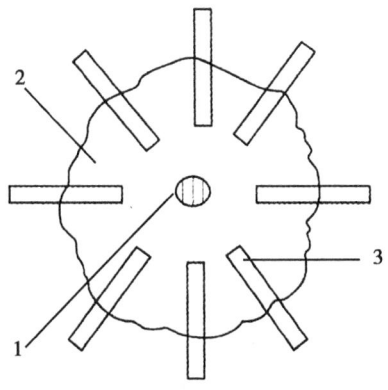

图 6-3 放射状沟施
1. 树干；2. 树冠投影；3. 放射沟

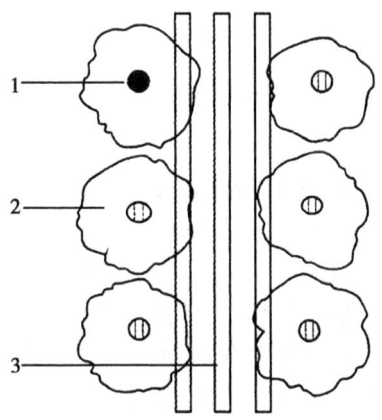

图 6-4 条沟施
1. 树干；2. 树冠投影；3. 条状沟

穴位置（图 6-5）。

（5）全园撒施。梨主干树冠下及近外围扒开表土，施上肥

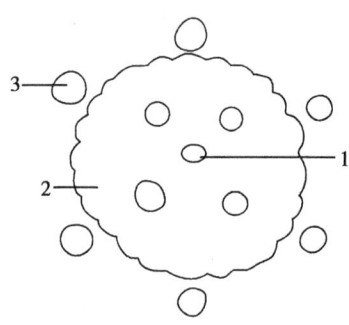

图 6-5 穴施
1. 树干；2. 树冠投影；3. 施肥穴

料后覆土。一般在下雨前撒施化肥或全园撒施后结合浅翻进行为好。

(二) 追肥

1. 土施追肥

(1) 年施追肥时期。除基肥外其他生长期施用的叫追肥。成年梨园一般年施追肥 3 次。

①花前肥：萌芽前 10 天施，此时吸收根开始活动，花芽、叶芽、新梢和叶片生长、开花着果等都需要消耗大量营养成分，此肥主要以氮肥为主。其目的是为了提高坐果率和促进枝梢生长。②壮果肥：一般在 5 月中下旬施，此时新梢停止生长，果实膨大最快，又是花芽开始分化时期，需要大量的营养成分供给，为了提高果实品质和分化高质量的花芽，此期以钾肥为主，配以磷、氮肥。③采前肥：果实采收前进行，以补给营养，保持树势，防止叶片早衰脱落，增进花芽质量，提高果实品质。此期也应施以钾、磷为主的复合肥料。

(2) 施肥量及方式。施肥量应根据树体的大小，生产状况和产量的高低来确定，一般成年梨树每次追施复合肥 1~1.5kg，

第六章 梨园的土肥水管理

配施适当的有机肥能起到提高肥效的作用。

追肥施用方式也可采用穴施、放射状沟施、宽浅环状沟施，除此之外还可采用在树盘上均匀打洞，洞深15~20cm，然后将肥料灌入洞中，最后覆土与地面平，这种方法伤根较少。施追肥时如遇天气干旱应结合灌水或将复合肥水溶后浇施。

（3）不同树龄施肥要点。幼龄树在3~8月中旬追肥，每月施一次稀薄腐熟人粪尿或1%~1.5%尿素等速效肥料，11月上旬施越冬肥。

结果树一年施肥2~3次，花前肥（1月中旬至2月上旬）、壮果肥（5月下旬至6月下旬）和采后肥（8月下旬至9月中旬）。梨优质丰产园施肥指标：氮、磷、钾比例为10:6:8，其中有机肥占40%~50%，具体施肥量视产量与土壤肥力而定。成年梨结果树各次施肥量参考表6-3。

表6-3 成年结果梨树各次施肥量

施肥类型	施肥时期	肥料种类	数量（kg/hm²）
追肥	花前肥（1月中旬至2月上旬）	复合肥（含氮、磷、钾各15%）	300
	壮果肥（5月下旬至6月下旬）	氮磷钾复合肥（15%:5%:20%）	900
	采后肥（8月下旬至9月中旬）	复合肥（含氮、磷、钾各15%）	300
基肥	采果后（9月上旬至10月下旬）	商品有机肥或腐熟有机肥	15 000~30 000

根际施肥。在树冠滴水线处挖环状沟或挖放射状沟，沟深40~60cm。做到化肥湿施，有机肥和磷肥深施，施肥后立即覆土。

2. 根外追肥

根外追肥又称叶面施肥，可结合喷药时施用。常用肥料有

0.3%的尿素；0.2%～0.3%的磷酸二氢钾；0.2%的硼砂（不可使用工业用硼砂）；0.5%过磷酸钙浸出液；0.5%硫酸钾；3%～10%的草木灰浸出液（因碱性不可与农药混用）。

根外追肥吸收快，用料省，但肥效短，只能作为临时补充营养和缺素时的施肥措施，由于它是通过叶面吸收，根外追肥最好选在晴天无风的早晨和傍晚进行树冠叶面喷雾。

3. 主要缺素症的矫治

（1）缺铁症：缺铁症是梨树缺铁引起的一种生理性病害，常发生于海涂梨园和石灰质土壤及紫砂土的梨园。

症状：缺铁主要症状是叶片黄化，黄叶都从新梢顶部嫩叶开始，初期叶肉失绿变黄，叶脉两侧保持绿色，叶片呈类型网纹状，较正常叶片小，后期全叶呈黄白色，边缘产生褐色焦枯斑（图6-6、图6-7）。

图6-6 梨缺铁黄化病树

防治方法：①海涂梨园春季灌水洗盐，及时排出盐水，控制盐分上升；②增施有机肥和绿肥，增加有机质改良土壤结构，控制磷肥及石灰质肥料的使用。③树体补铁：对发病重的梨园，于

图6-7 梨缺铁黄化病枝梢症状

发芽后喷施0.3%~0.5%硫酸亚铁,隔7~10天喷一次,连喷2~3次。注意将药液配成酸性,以利树体吸收。碱性紫砂土缺铁梨园夏梢长出3~5cm时,用硫酸亚铁0.05%~0.10%喷射树冠一次。④休眠期梨树干注射0.05%~0.1%硫酸亚铁溶液(pH值5.0~6.0),树龄6~7年生树注射0.5~1.0kg,30年以上大树注射2~3kg,防效达100%,效果明显。先在主干上用电钻打1~3个小孔,然后用强力树干注射器将药液注入,最后用塑料薄膜包住钻孔。

(2)缺钙症:钙是组成细胞壁胞间层的重要元素,也是植物生长中必需的元素之一。

症状:缺钙时新梢嫩叶上形成褪绿斑,叶尖及叶缘向下卷曲,几天后褪绿部分变成暗褐色,并形成枯斑(图6-8)。这种症状可逐渐向下部叶扩展。果实缺钙易形成顶端黑腐。

发生条件:土壤酸度较高时,可使钙很快流失。如果氮、钾、镁较多,也容易发生缺钙症。

矫治方法:土壤施钙,即在砂质地上穴施石膏、硝酸钙或氧

图 6-8 梨缺钙症状

化钙。叶面喷钙：在氮较多的地方，应喷氯化钙。喷布氯化钙和硝酸钙易造成药害。安全浓度为 0.5%。对易发病树一般喷 4~5 次。

（3）缺硼症：梨园中一般零星发生，缺硼树果小、畸形，有裂果现象，轻者果心维管束变褐，木栓化，重者果肉变褐，呈海绵状。叶片含硼量低于 10mg/kg 时表现缺硼症状（图 6-9）。

图 6-9 梨缺硼症状

矫治方法：春季土施硼砂，成年树每株 50~100g；在花蕾期或幼果期喷 0.2% 硼砂，隔 7~10 天一次连喷 2~3 次。

（4）缺磷症：磷是果树生长发育所必需的营养元素，细胞内含有多种有机磷酸化合物。光合作用的产物要先转变成磷酸化的糖,才能向果实或根部输送。

症状:当梨树磷供应不足时,光合作用产生的糖类物质就不能及时运转,累积在叶片内、转变为花青素,使叶色呈紫红色,尤其是春季或夏季生长较快的枝叶几乎都呈紫红色,这种症状是缺磷的重要特征(图6-10)。

图6-10 梨缺磷症状

发生条件:疏松的砂土或有机质多的土壤常缺磷。当土壤中含钙量多或酸度较高时,土壤中磷素被固定成磷酸钙或磷酸铁铝,不能被果树吸收。叶片含磷量在0.15%以下时,即表现缺磷。

矫治方法:对缺磷果树,可在展叶期叶面喷布磷酸二氢钾或过磷酸钙。因土壤碱性和钙质高造成的缺磷,需施入硫酸铵使土壤酸化,以提高土壤中磷的有效成分。

(5)缺镁症:镁是叶绿素的重要组成成分,也是细胞壁胞间层的组成成分,还是多种酶的成分和活化剂。果树缺镁,可使叶绿素减少,降低光合强度。

症状:梨树缺镁时的失绿症,是先从枝上的基部叶开始的、失绿叶表现为叶脉间变为淡绿色或淡黄色。呈肋骨状失绿。枝条上部的叶呈深棕色,叶片上叶脉间可产生枯死斑。严重缺镁时,从枝条基部开始落叶(图6-11)。

图6-11 梨缺镁症状

发生条件:在酸性土壤或砂质土壤中镁容易流失,果树易发生缺镁症。在碱性土壤中则很少表现缺镁。当施钾或磷过多时,常会引起缺镁症。

矫治方法:轻度缺镁时,采用叶面喷洒含镁溶液,效果快;严重缺镁则以根施效果较好。根施:在酸性土壤中,为了中和酸度,可施镁石灰或碳酸镁;中性土壤中可施硫酸镁。根施效果慢,但持续期长。叶面喷施:一般在6~7月喷2%~3%硫酸镁3~4次,可以使病树好转。近年来施用氯化镁或硝酸镁,比施硫酸镁效果好,但要注意浓度,以免产生药害。

(6)缺锌症:梨树缺锌表现为小叶,春季发芽晚,叶片狭小,呈淡绿色,病枝节间短,多着生细小族生叶。叶片含锌量低于10mg/kg时表现缺锌症状。

矫正方法:生长期叶面用0.3%~0.4%硫酸锌喷雾,休眠期土壤使用锌螯合物成年树每株 0.5kg。对缺锌引起的小叶有一定的疗效。

第三节 水分管理

水分的管理主要是通过灌水、排水和地面覆盖来调控。梨的生长发育需要充足的水分，虽然南方雨量较充沛，年均降水量在 1 400mm 左右，但主要雨季集中在早春的梅雨季和 7～8 月的台风季，但 5 月的突然高温和 7～8 月的高温干旱，对梨树的生长、果实的发育都不利，直接影响到产量和品质。

一、梨树需水量

梨树是需水量较大的果树之一，要达到高产优质，必须满足梨树对水分的要求。

梨树需水量 = 各器官生产干物质量 × 蒸腾系数

梨的蒸腾系数为 300～500，即每生产 1kg 干物质需耗水 300～500kg。亩产 2 500kg 的梨园，梨果实含水量为 90% 时，其果实的干物质为 250kg，而梨树枝、叶、根的干物质为果实的 3 倍，其干物质应为 750kg，那么该梨园的亩需水量为 300～500t。如果按亩 400t 的用水量计，相当于年降水量 600mm 的降水量，南方多数地区能达到这个数值，但季节分布不匀。北方呈现"春旱、夏燥、秋涝、冬干"的现象；南方春季、夏季雨水多，秋季干旱的现象。根据雨水丰歉情况及时灌水调整。

我国培育的砂梨和白梨、砂梨杂交种耐旱性介于白梨和日韩砂梨之间。据美国对西洋梨测定，每制造 1g 干物质，需水量为 284～354g，而日本对菊水和 20 世纪梨的测定需水量为 401～468g。梨盆栽试验表明：土壤水分含量为 30%～40% 时生长良好，降低至 15% 时枝梢停止生长，当降至 9% 时叶片变萎蔫。

灌水时期：梨不同的地区、品种及生长期对水分需求不同，不同的立地条件保水性能也不同，因而灌水时期、次数应区别对待。华北及西北地区重点应在以下时期：①花前水：在3月下旬开花前灌水；②花后水，在4月下旬或5月上中旬；③果实膨大水，在6~7月果实迅速膨大期，需水量最大；④采果后，9月下旬至10月上旬，结合秋季施基肥灌水；⑤越冬封冻水，提高土温、湿度，增强树体越冬能力。

密植梨园采用高喷头喷灌会造成湿度过大，甚至病害严重，灌水量达到田间最大持水量的70%~80%为宜。白梨系统的品种多数抗旱，尤其要控制后期灌水，有利于提高含糖量。而日韩的砂梨不耐旱，在旱季每15~20天就要灌一次水。

灌水的方法有沟灌、滴灌、喷灌、微喷灌和穴灌等方法在全年降水量分布不均的地方，根据实际要及时灌水补充。

二、灌水

根据天气情况，当土壤田间持水量低于70%时就要进行灌水。在发芽及开花前后灌水，以满足发芽、开花和坐果对水分的需要，并能促进新梢的正常生长；幼果膨大期和花芽分化期灌水，可促进果实发育和花芽分化；采后结合施基肥灌水，可促进养分的分解和运转，以利恢复树势。一般夏季连续高温天晴7天以上、秋旱与冬旱及寒潮来临前应浇水抗旱和覆盖抗旱。灌水方法有沟灌、穴灌、喷灌、滴灌等，根据设备条件和效用而定。

沟灌：在梨树行间开沟，将水引入沟内，靠渗透湿润根际土壤，既节约用水，又不破坏土壤结构。是常用的灌水方法。

草把穴灌：每株树挖6~8个直径25~30cm、深40cm左右的穴，在穴内埋上直径20~30cm、长30cm的草把，草把四周施有机肥或化肥，再覆上地膜，留一个浇水孔，进行浇水，这是山地梨园较好的节水灌溉方法（图6-12）。

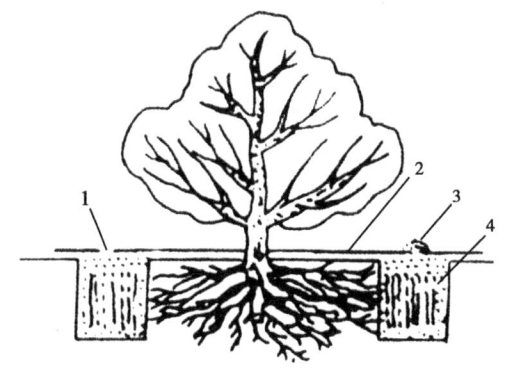

图 6-12 草把穴灌
1. 灌水孔；2. 地膜；3. 土堆；4. 穴肥或草把

滴灌与肥水同灌：是目前较先进的灌水方法，同时可以实现肥水同灌，节约人工，推广施肥与灌溉效果。梨园内布好地下管道，配上自动控制系统或压力系统、配肥装置，把水（或配好的肥水）输入管道，通过固定喷头或滴灌带滴入梨树根部。

每次施肥后及时灌水，梨树的主要灌水时期在萌芽前、新梢速长期和果实膨大期，11月上旬灌封冻水，一般土壤含水量低于15%时进行灌水。

三、排水

梨树较耐湿，但土壤过湿，通气不良，根的生理机能减退，尤其是温度高，园地积水过多过久会造成土壤通气不良，致使烂根，影响树体的生长发育，严重时会导致植株死亡。地势低洼、地下水位高的平原梨园和不透水的山地梨园，在降水多或降水集中的季节，叶色黄绿，生长不良，一旦进入旱季，便发生黄叶早落的现象。因此，建园时提倡深翻改土，打通不透水的黏土层，四周排水沟要深，做好排水防涝工作。

梨树较耐涝，但特别在春季、梅雨季和 7~8 月的台风季节要保证梨园沟渠畅通，能及时排出多余水分，防止园地积水。特别是春夏两季、夏秋台风季节、遇暴雨和采收前 20 天应注意排水。

第七章　梨树的整形与修剪

　　梨的树体高大，顶端优势强，干性强，枝的开张角度小；萌芽力强，成枝力弱，一般平均单叶面积较大，叶数较少，叶面积系数小，对光的要求高。梨的生长结果习性与苹果相似，以前多采用疏散分层形的整形修剪方法。近几年来随着栽培管理技术的变革，矮冠开展的树冠有利修剪、疏果、套袋、病虫防治、采收等管理，便于梨高品质栽培、生产精品梨果。

第一节　梨树整形修剪的概念及作用

一、整形修剪的概念

　　整形修剪是梨树生产管理的重要内容，为了达到梨树的丰产优质和植株的美观，都需要整形修剪来实现。整形是指通过修剪把植株建造成以利生长结果的某种形状；修剪是指对植株进行的剪枝或剪梢的外科手术和化学药剂处理，如拉枝、刻伤环剥以及使用植物生长调节剂促进或抑制芽的萌发和枝梢生长等。广义的修剪包括整形，幼龄梨修剪的主要任务是整形，成形之后通过修剪维持良好的树体结构。狭义的修剪与整形并列，指对枝组的培养与更新、生长与结果、衰老与复壮的调节，以期获得梨树早果、稳产、优质、低耗和高效益的目的。

　　整形修剪的目的是通过人为强制方式，改变植株枝梢在空间的分布、密度、不同枝梢比例以及从属关系，以达到配合其他农艺措施，使植株生长势适中，提早结果、提高产量与品质、便于农事操作、减少病虫害发生的目的。

二、整形修剪的作用

1. 调节树体与环境的关系

整形修剪的主要任务之一是充分合理地利用空间和光能，调节果树与温度、土壤、水分等环境因素之间的关系，使果树适应环境，环境更有利于果树的生长发育。

2. 调节树体各部分的均衡关系

果树植株是一个整体，树体各部分和器官之间经常保持相对平衡，修剪可以打破原有的平衡，建立新的动态平衡，向着有利人们需要的方向发展。

（1）利用地上部与地下部动态平衡关系调节树体的整体生长。

（2）调节营养生长和生殖生长之间的均衡。

（3）调节器官间均衡及生理活动：包括调节树体内的营养、水分、酶和植物激素等的变化，更有利果树的生长和结果。调节生长结果与管理操作的关系：在保证产量、品质的前提下，树形的设计要有利于方便操作管理，减少人工使用量。如便于打药、果实采摘等。

三、梨树整形的树形选择

梨树生产中选择哪种树形要根据树种、品种、生长结果习性、栽培模式及操作管理方式等来确定，目前生产中栽培常用的树形有：疏散分层形、开心形整形、棚架整形等。

1. 疏散分层形

疏散分层形又称二层开心形。树冠结构：干高60~80cm，树高3m左右，全树配备5~6个主枝，下层3~4个，上层两个。

第一层主枝一般配备 2~3 个侧枝。第一侧枝距主干 40cm 以上，第二侧枝与第一侧枝相距 40~50cm，第三侧枝与第二侧枝对生，距离可增大到 60cm 以上，但各侧枝之间忌交叉重叠。第二层主枝一般只配备两个侧枝，第一侧枝距主干 30~40cm 为宜，第二侧枝与第一侧枝距离可适度加大。两层主枝之间的距离以 1.2~1.6m 为宜，且每个主枝与主干的角度以 60°~70° 为宜（图 7-1）。这种树形是传统大冠形，培养时间长，结果时间长。

图 7-1　二层开心形

2. 纺锤形

自由纺锤形是当前国际上较普遍采用的一种矮密树形，适合亩载 95~148 株的密植栽培。树冠结构（图 7-2）：全树有一个较直立的中心干，主干高 50~60cm，全树高 2.5~3m。有一个优势强壮的中心干，错落着生 15 个大的长轴枝组，从主干往上螺旋上升，间隔为 20cm，枝组粗度不超过中心干的 1/2。枝组与主干开张角度 70°~80°。在长轴枝上直接分生小结果枝组，不养大侧枝。这种树形的特点是，整形容易成形快，管理容易结果早。

图7-2 纺锤形

3. 开心形

目前南方梨树常规栽培以开心形整形为主,树冠结构:干高控制在40~60cm,主枝2~3个分布均匀,开展角度45°~60°,每个主枝的两侧培养1个副主枝或1个侧枝,间距40cm,相邻侧枝朝向相反,同侧侧枝间距70~80cm。主枝、侧枝上培养结果枝组,直接着生大、中、小结果枝组,要求分布均匀。树冠高度控制在2.0~2.5m(图7-3)。

整形方法:第一年培养好1个主干、3个主枝,第二年要培养好副主枝和侧枝,每个主枝培养1~2个副主枝或侧枝;第三年培养好分布合理的结果枝组。第四年使枝梢分布均匀,通风透光,生长健壮,任其结果并促发二次新梢。盛果期保持生长结果相对平衡。

4. 棚架整形

树冠结构:主干高控制在80~90cm,主枝3个分布均匀,主枝基角度50°,延伸至棚面,各主枝上两侧分层培养1~2个副主枝,间距40cm,相邻侧枝朝向相反,同侧侧枝间距70~

图7-3 梨自然开心形

80cm。主枝、侧枝上培养结果枝组，要求分布均匀。树冠高度低于2.2m（图7-4）。该树形具有整形容易、便于管理等特点，而且成形后树冠内光照充足，有利于果实品质的提高。棚架整形是目前南方精品梨生产的一种主要树形，该树形光照分布均匀，提高梨抗台风能力。

图7-4 梨棚架整形

第二节 梨树整形的主要过程

一、小冠疏层形的整形过程

小冠疏层形的整形过程见图7-5。

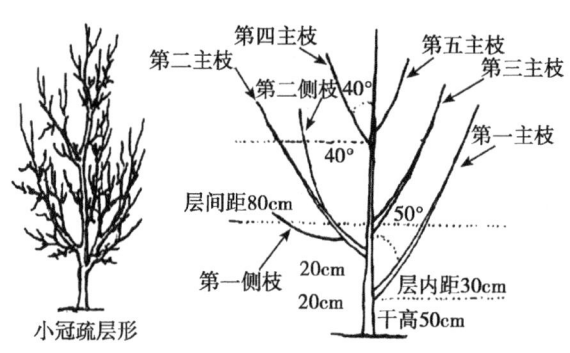

图7-5 小冠疏层形的整形过程

二、主干疏层形的整形过程

主干疏层形的整形过程见图7-6。

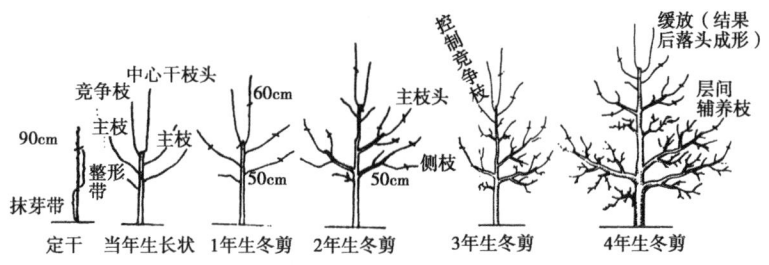

图7-6 主干疏层形的整形过程

三、自由纺锤形的整形过程

自由纺锤形的整形过程见图7-7、图7-8。

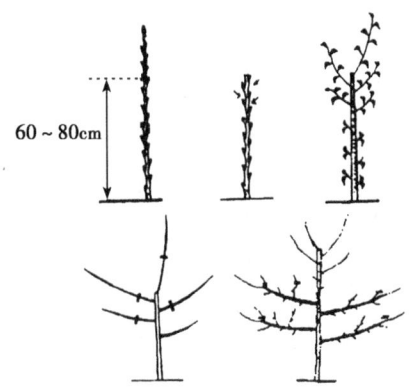

图7-7 自由纺锤形的整形过程

图7-8 自由纺锤形树形

第三节　整形修剪的时期及基本方法

一、整形修剪时期

1. 休眠期修剪

又称冬季修剪，在梨树落叶后至春季萌芽前进行。冬季落叶之后、春季树液流动之前，此时根部和枝干贮藏的养分较多，修剪损失较少，有利于贮藏养分集中供应留下枝芽的生长。梨树冬季修剪一般在12月上旬至2月下旬进行。

幼龄树抽生的新梢在10～15cm处进行短截，其他生产枝5～10cm处短截，截至枝条上端芽饱满为止。初结果树以轻修剪为宜，适当删密留疏。保持侧枝均匀，对徒长枝和直立枝从基部剪除，有空档的徒长枝可行短截填补空缺。盛果期修剪。多花树要重剪细剪，疏删与短截相结合，少花树则应轻剪，疏删部分密生枝和细弱枝。剪除枯枝、病虫枝、交叉枝；徒长枝从基部剪除，在树冠中下部较空虚时，可适当短截，作为更新枝以填补空缺。

修剪顺序及要求：应先大枝后小枝，先上后下，先内后外；剪口要平整，不留短桩，锯口要用凿子或刀子削平。大剪口应涂保护剂。

2. 生长期修剪

生长期修剪又称夏季修剪，夏季修剪是指在梨树新梢旺盛生长期进行的修剪，修剪时间一般在4月上旬至7月下旬。此阶段树体各器官处于明显的动态变化之中，及时采取适宜的修剪措施能收到较好的调控效果，能减少养分的无效消耗。夏季修剪关键是要及时和适度。新梢和叶片修剪量较大时对树体生长有抑制作用，因此修剪宜轻不易重。

夏季修剪主要采取拉枝、疏梢、摘心等方式。幼龄树新梢抽发后，应及时摘心，加快树冠形成。幼龄树生长期拉枝，使树冠主枝形成45°角，营养枝留60~80cm长摘心，结果枝上新梢留5~7片叶摘心或扭枝。成年结果树6月去掉树冠中下部抽发的直立旺枝。

生长期修剪另外还包括春季修剪和秋季修剪，春季修剪包括花前复剪、除萌抹芽和延迟修剪，秋季是指秋梢将要停止生长至落叶前进行，但为了劳动力，实现省力化栽培，一般很少使用。

二、修剪的基本方法

梨树修剪的基本手法有短截、回缩、疏删、甩放等。

1. 短截

短截也称短剪。即剪去一年生枝条的一部分。按剪掉部分枝长所占的比例，短截可分为轻（剪去枝长1/3）、中（剪去枝长1/3~1/2）、重（剪去枝长1/2~2/3）和极重（剪去枝长2/3以上留1~3芽）。短截后减少了枝条上芽数，缩短养分运输距离，刺激剪口芽的萌发生长，一般随着短截程度的增加刺激作用增加。在梨密植早期丰产栽培中宜少用短截为宜（图7-9）。

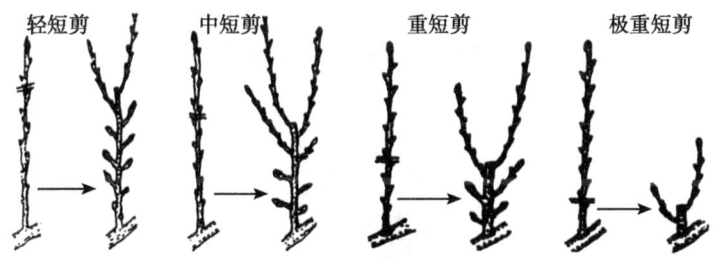

图7-9 短截的种类和程度

2. 回缩

回缩指在多年生枝上短截。回缩对剪口下部潜伏芽的萌发和枝条生长有促进作用,对母枝起削弱作用。修剪反应与缩剪程度、留枝强弱、伤口大小有关。缩剪在衰弱骨干枝、枝组的更新复壮应用较普遍,在矮化密植栽培的幼树、初结果树上应用较少,在成年盛果期树上是常用的修剪方法。各种枝条的回缩修剪(图7-10至图7-13)。

图7-10 结果枝组的回缩修剪

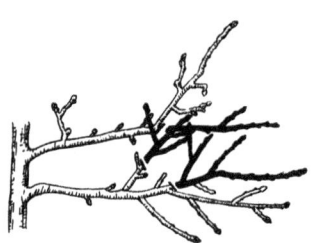

图7-11 密生枝的回缩修剪

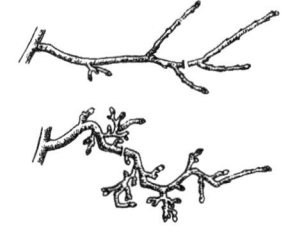

图7-12 下垂枝的回缩修剪

图 7-13 衰老枝的回缩修剪

3. 疏删

疏删也称疏剪,指将一年生或多年生枝梢从基部疏去。疏删修剪反应是削弱上部枝梢的生长势,促进下部枝芽的生长。疏除的是衰弱枝、无效枝、果枝对树势有促进作用。

疏剪有减少分枝作用,能显著改善树冠的光照条件,缓和生长势,因而有利促进结果和生产优质果品,疏剪对母枝有较强的削弱作用,可用于调节枝条主从关系和均衡树势,对强枝多疏粗壮枝,弱的少疏或不疏,在现代矮化密植栽培中,不论幼树和成年盛果期树,都是常用的修剪方法。各种枝条的疏删修剪(图 7-14 至图 7-17)如下。

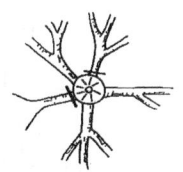

图 7-14 多余主枝的疏删修剪

4. 甩放

甩放也叫缓放或长放,是指对一年生枝不剪。甩放修剪的要看枝条的长势、姿势而定。中庸枝、斜生枝和水平枝可以长放,因顶端优势弱,留芽数量多,易发生较多中、短枝,有利养分积

图7-15 短果枝的疏删修剪

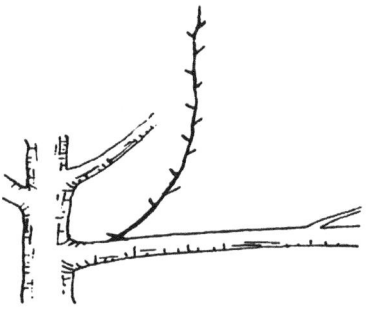

图7-16 徒长枝的疏删修剪

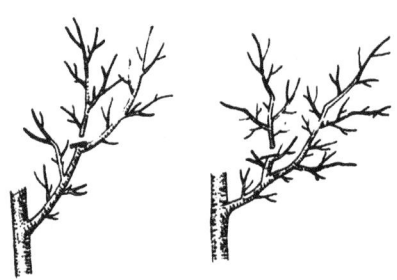

图7-17 背上枝的换头修剪

累和促进花芽形成。强壮枝、直立枝、竞争性徒长枝,由于顶端优势强,母枝增粗快,易扰乱树形,因此不宜长放,必须配合曲枝、夏剪等措施控制生长势。

5. 曲枝、扭梢和拿枝

曲枝即改变枝梢的生长方向。加大枝条分枝角度,使生长趋于水平和左右方向合理。开展角度可扩大树冠、改善光照,削弱顶端优势,提高萌芽率,缓和生长势,有利花芽的形成(图7-18)。

图7-18 扭梢

扭梢是在新梢基部处于半木质化时,将新梢基部扭转180°,使木质部和韧皮部受伤而不折断,新梢呈扭曲状态。具有抑制枝梢徒长、缓和树势的作用。从目前简化修剪出发,一般不使用扭梢。

拿枝是在新梢生长期,用手从基部到先端逐步使其弯曲,伤及木质部而不折断。

6. 抹芽、除萌和疏梢

抹芽是指对一年生枝上芽萌动进行抹除;抹除多年生枝上抽发的芽为除萌;疏除部分过密新梢的为疏梢。抹芽、除萌和疏梢是夏季修剪的主要手法,及时抹除或疏除枝杈间、锯口、主枝背上枝的萌蘖，进行选优去劣，除密留稀，节约养分，提高留用枝梢的质量。

7. 摘心和剪梢

摘心是摘除幼嫩的梢尖和部分嫩叶。摘心和剪梢可削弱顶端优势，抑制新梢生长，促进其下侧芽萌发生长，增加分枝，促进二次梢生长和花芽形成。在果树生长期应用较多，主要在葡萄上应用较多，梨树上应用较少。

8. 刻伤、环割和环剥

刻伤是在芽的上方用刀横切皮层的木质部，能促进切口下的芽、枝萌发生长。环割在枝条用刀横割环切皮层达木质部，不同时期处理能起到保花保果、促进花芽分化、提高下部枝梢萌芽率的作用。环剥简称环状剥皮，在树的主干或大枝上间一定距离（宽度为枝直径1/10左右）上下环切两刀，深达木质部，然后在间隔上纵切，将环切的树皮取下。环剥能抑制营养生长，促进花芽分化，提高坐果率，促进果实成熟和提高品质，在果树生产中应用广泛。

三、梨树不同年龄时期的修剪

1. 幼树期的修剪

培养骨干枝和枝组。对骨干延长枝的修剪，要逐年缩短，但要保持适当的延伸角度，保持生长势。主干长势过强时，应加以控制，即用第二、第四枝条作主枝延长枝；对树高已达标准，各层主枝均已留足时，可采用落头的办法，控制主干的生长，促进各层主枝加粗。缓放2~3年后，再回缩修剪。

2. 盛果期的修剪

培养结果枝组，注意更新，缓和树势。对枝组轮流复壮和外围枝短截，维持中庸树势；对长势趋弱的树，可对骨干延长枝进行短截，对延伸过长的枝组进行回缩，以促复壮；注意打开层间，解决光照通风问题。枝组的回缩修剪见图7-19。

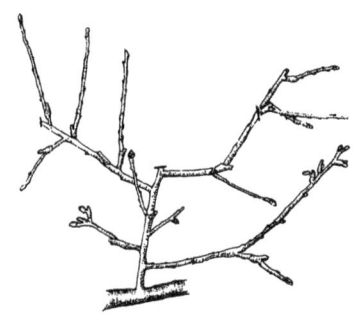

图7-19 枝组的回缩修剪

3. 衰老期的修剪

在主、侧枝前端二三年枝段部位，选择角度较小、长势健壮的背上枝作为枝头，及时更新。此时可对着生部位适宜的徒长枝进行短截，促进生长，用于代替部分骨干枝。维持一定的产量。

第四节　棚架栽培整形与更新疏枝

一、棚架栽培整形

1. 树冠结构

主干高控制在80~90cm，主枝3个分布均匀，主枝基角度50°，延伸至棚面，各主枝上两侧分层培养1~2个副主枝，间距40cm，相邻侧枝朝向相反，同侧侧枝间距70~80cm。主枝、侧枝上培养结果枝组，要求分布均匀。树冠高度低于2.2m。

2. 整形方法

第一年培养好1个主干、3个主枝，定干高度为0.9m，抽生的新梢选配3个主枝，3个主枝上下保持10~15cm的间距，新梢长到50cm以上时，用竹竿斜插于地面成45°角，将新梢绑缚于竹竿引其上架，三根竹竿水平夹角为120°。第二年要培养好副主枝和侧枝，每个主枝培养1~2个副主枝或侧枝；第三年培养好分布合理的结果枝组。树高控制在2.0~2.2m。第四年开始投产，生长期进行拉枝诱引，并将其绑扎在棚架铁丝上，使枝条分布均匀、结果枝组充实、花芽发育良好。

二、更新疏枝

对树体郁蔽严重及老树进行更新修剪。回缩时对侧枝、副主枝更新或全部更新树冠，促发新结果枝群，结果枝应回缩修剪，树更新后萌发的新梢及时删密留疏。

疏枝：大年树、多花树多剪，小年树、低产树少剪，修剪量占树冠的10%~15%，冬季疏大枝后应及时清园。

刮树皮：在初冬或早春对20年以上的老梨树外树皮刮去，每隔2~3年刮一次，刮后涂杀菌剂或波美5度石硫合剂。

第八章 花果管理与高品质栽培

第一节 影响果品质量的因素

随着梨产量的迅速增长和人们生活水平的提高,消费者对梨果品的要求由数量转向质量型转变,外观美、品质佳、商品性好的梨果品将越来越受到欢迎。影响梨果实品质的因素与品种、气候条件、土壤环境、栽培技术措施等密切相关,从梨花芽分化到果实采收整个过程都能影响果实品质,因此提高梨果实品质要采取综合技术措施。

一、梨果实品质构成要素

梨果品质量可分为外观品质与内在品质两大类。梨果品质主要由果实大小、含糖量、石细胞多少、梨果外观等因子构成,评价梨果品质量主要有以下内容。

外观质量:果实形状、大小随品种不同而异,但一般认为果型中等偏大,形状端正、梨形或圆形为好;有品种的固有色泽,着色均匀美观、果面光洁。梨果皮颜色、有无锈斑、果形是否端正等也影响梨的商品质量。如翠冠梨幼果期使用某些乳油农药刺激形成果面连片锈斑,影响美观。套袋可使多数品种锈斑减少,皮薄而鲜艳。

梨不同品种果实应有一定大小标准,如鸭梨应达200g,苣梨应达250g等。梨果达不到应有单果重则难有良好的品质。20世纪70—80年代人们追求高产，梨单果普遍偏小，这是影响梨果质量的首要原因。日本梨栽培十分重视梨单果发育，果个均匀一致，大都在350g左右。决定梨果大小的因素，除品种固有特性外，还与树体营养、负载多少密切相关。梨果发育，细胞数多少与细胞大小决定单果大小。树体贮藏营养少、留果多则细胞分裂受阻，细胞数目少；后期管理不当则细胞膨大受阻，细胞小。

果实内质：主要由肉质、果汁、风味、种子、营养成分和维生素含量组成。风味由含糖量、含酸量、可溶性固形物以及糖酸比和固酸比所决定。一般以营养成分丰富、有香气、无异味、肉质细嫩脆、石细胞少、果汁多、贮藏性好为佳。

二、影响果实品质的因子

优质梨品种只有在适宜的环境条件及栽培措施下优良性状才能得到很好的发挥，环境因素主要包括气候环境及立地条件两方面。

1. 选择适合当地气候和土壤条件的优良品种

选择好避风向阳的坡地及排灌条件好的地方进行科学规划合理建园，对老果园可采取高接换头的方法改接优良品种。

梨园土质对果实品质影响最明显。砂壤土有机质含量高，pH值为6的土壤品质较好，因此有机质丰富的沙壤土能产出优质梨果；黏土因土壤通气性差，对钾、磷、镁吸收难，对品质不利，生产的梨果个小、多锈、味酸淡；山地梨果味浓，但果个小、质地硬，并多伴生缺硼缩果病，影响梨果品质。

2. 气候条件对梨品质的影响

果实发育期的气候环境对品质影响最大，主要气候因素有：温度、降水和光照。

温度：夏秋季持续高温干旱，使梨光合作用受抑，净光合产物不再增加。日最高气温≥35℃的天数越多则果实品质越差。

温度对梨果实成熟期及品质有重要影响,果实成熟过程中,温度(20~25℃)昼夜温差大,有机养分积累多,含糖量高、味甜、着色好,反之温度不足,含糖量低、酸度变高,品质下降。

水分:土壤缺水影响果实膨大,但可促进果实着色,适度干旱能提高糖度,久旱后大雨会造成裂果,成熟推迟、降低糖度。

光照:光照直接影响叶片光合作用,从而与碳水化合物(糖、可溶性固形物、维生素 C 含量)积累有关。光照充足,果色鲜艳。

三、花芽质量与果实品质

1. 梨花芽质量与果实品质

梨是夏秋花芽分化型果树,到 6 月底至 7 月枝梢停止生长后开始积累养分,开始进行花芽分化。而花芽的数量与质量直接关系到次年的产量与品质。因此延长秋季叶片的营养功能,充分积累有机养分对促进花芽分化有利。

2. 防止梨树秋季异常开花

由于梨不同品种抗病性、抗逆性的不同,因不良气候条件和病虫为害及栽培管理不良问题,容易造成一些梨园秋季提前落叶,引起梨树秋季开花。如 2008 年 10 月下旬,浙江龙游县上圩头农场的一块梨园里看到,一朵朵洁白的梨花正在竞相开放,原本是在春季开花的黄花梨,深秋季节也开起雪白的花来,点缀着树木凋零的深秋,很多枝梢上还长出一片片嫩叶,置身梨园会让人产生一种回到春天的错觉。这块梨园秋季开花率在 60% 左右,还结小梨果,且秋季梨花芽的开放,造成翌年花量减少,第二年将减产。

秋季的叶片提早脱落,是促使第二次开花的主要原因,造成秋季叶片脱落的原因是秋季病虫为害以及秋季粗放的管理,包括采果后的翻土、施肥、灌水和病虫防治。如上圩头乡官村的一块梨园里杂草丛生，已经很久没有翻过土和采后管理，秋季开花很多。然而在附近的另一家梨园里，因主人勤快梨园采后管理精细，秋季梨树就不开花，看到的景象就不一样了。

梨园采收管理主要是地面的松土、施肥及采收以后的防病治虫管理，管理得好的话，秋季叶片的寿命就比较长一点。梨树秋季管理要以保叶为中心，发挥叶片最佳光合效能，促进养分积累和花芽充实，叶片保不牢花芽提前开花，提早开放的花芽到第二年就会失去作用长不了果实。因此，梨树秋季开花源于采果后的粗放管理。

3. 栽培管理与品质

梨果的含糖量、糖酸比值及有无香味是梨果品质的重要指标。不同品种、施肥时期和种类、叶果比例、降水及灌溉等影响果实含糖量。氮肥多、灌水多、负载多则果实糖含量少。梨果石细胞大小、多少及果肉细胞结构对梨果肉质地口感影响较大。石细胞在果实发育前期形成，梨果后期发育受阻，果小则石细胞密度大，质地坚硬，食用品质差。

（1）土肥水管理。增施有机肥，通过测土配方平衡施肥，保证营养元素协调供应，适当减少氮素化肥。施肥：果实发育后期，多施氮钾肥，会使果实成熟和着色延迟，结果少，而施大量氮肥时会使延迟成熟，粗皮大果，品质下降，反之结果多，而施氮又少时，着色早但果色较淡。氮肥不足时味酸果小，磷肥不足时味酸不甜，但多施磷肥能使果汁中的酸减少，促进成熟，钾能增酸使味浓，钾过量时导致缺镁，果肉质变粗，钙、镁能调节土壤酸度，增施有机肥有利提高品质。合理用水，做到旱能浇、涝能排，保持土壤相对含水量在60%~80%。

（2）整形修剪对品质的影响。树体因素，除品种特性外、树龄、树势等对梨品质影响较大。初果树其生理变化大，所结的果品质不稳定，成年结果树树势稳定，所结的果肉软汁多、风味浓；树势相对较弱、开花期早所结的果实发育正常，着色好、品质佳。合理修剪，使果园群体结构、个体结构、枝量、树高、透光率、冠间距等在理想范围内，以增强叶片光合效能，提高果品质量。

（3）选择合理授粉树，梨是花粉直感明显的品种，受授粉树的影响较大。在气候不良，花少的年份，盛花初期进行人工授粉或果园放蜂，以提高坐果率，对一朵花来说，开花3日内授粉坐果率最高。

（4）合理负载疏果套袋，套袋能防污减毒，并隔绝病虫，使果面光洁，促进果实着色。套袋应在落花后15～30天进行，对于果实成熟期不需要着色的品种应带袋采收，以防止果实失水，污染果面，对于需要着色的红皮梨和褐皮梨，应在采前15～20天摘袋。

（5）果品卫生质量：严格用药标准，必须高度重视农药的毒性与残留，提倡以生物防治为主的综合防治。合理使用植物生长调节剂，在利用其提高果实硬度、增加耐贮性、增色、增糖、改善果形、提高果实品质的同时，也要考虑激素局限性甚至负面影响。

第二节　保花保果与疏花疏果

梨树花量多，结果率较高，但对梨优质果生产不利，且易发生大小年。花果调控技术成为梨高品质栽培的重要措施，在梨树开花前后及幼果期，做好疏花疏果与保花保果、疏果套袋及病虫防治工作，是提高梨果品质与生产经济效益的关键。

一、保花保果

梨为异花授粉树种,多数品种自花不结实,所以必须配置花期基本相遇的授粉品种,主栽与授粉品种配置的比例最好是2:1或1:1,最少也需3:1或4:1,才能达到丰产稳产。日本梨(幸水、丰水、筑水)与翠冠、清香、脆绿可互为授粉。鸭梨授粉较好的品种有:雪花梨、黄冠梨。与其授粉后坐果率高,果形端正互为授粉结实率高。我国梨主栽品种的适宜授粉品种见表8-1。

授粉品种的花期和主栽品种的花期一致或稍早,花粉多、萌发率高,在发育充实的果枝上采集,以增加花粉数量。

表8-1 我国梨主栽品种的适宜授粉品种

主栽品种	授粉品种	主栽品种	授粉品种
黄冠	黄蜜、鸭梨、雪花梨、中梨一号	翠冠	清香、黄花、新雅、玉冠、初夏绿
圆黄	鲜黄、早生黄金、长十郎、华山	砀山酥梨	茌梨、鸭梨、中梨一号、黄冠梨
丰水	黄花、长十郎、新水	雪花梨	黄冠梨、早酥、黄蜜
南果	苹果梨、巴梨、茌梨	鸭梨	砀山酥梨、京白梨、黄冠梨、金花梨
新高	鸭梨、京白梨、砀山酥梨、金花梨	库尔勒香梨	鸭梨、雪花梨、砀山酥梨、黄冠梨
西子绿	早酥、杭青、中梨一号、黄冠梨	红香酥	砀山酥梨、鸭梨、雪花梨

1. 人工授粉

授粉时间在3月下旬至4月上旬,即开花期,25%花开放时开始,一天中授粉的时间与温度范围:上午8时至上下午5时,温度12~30℃;最佳范围:上午9~10时,20~25℃。

采集花粉：采花时应注意授粉品种的选择。在晴天采集授粉树上含苞待放的花蕾，花粉放在洗净晾干的青霉素类的小瓶中。采花后及时取花药，搓下花瓣和花药，然后过筛去掉花瓣收集花药。也可用机械采粉效率高。收集的花药放在报纸上摊开在阴凉处，在20~25℃，经2天左右可散出花粉，要防止暴晒以免稳定过高影响花粉发芽率。然后将采集的花粉加入2~4倍淀粉或藕粉过筛3~4次混匀，装入小瓶即可使用。为了提高花粉采集效率，北方一些地方用机械采集梨花粉（图8-1）。

图8-1 用机械采集梨花粉

人工授粉方法：在初花期或盛花期的晴天，无风天气梨花开放的当天或次日进行，用软毛笔或海绵棒蘸花粉，点授予梨花序的边花柱头上，每花序中授粉1~2朵花。如遇雨应于雨停后，柱头萎蔫即不能授粉。具体要求：开花后3天内及时授粉，为弥补开花不整齐或漏授粉等情况，应在2~3天内进行第二次授粉。人工点授花粉见图8-2。

2. **机械授粉**

梨园面积较大时，应采用喷雾器或喷粉器授粉，以提高工

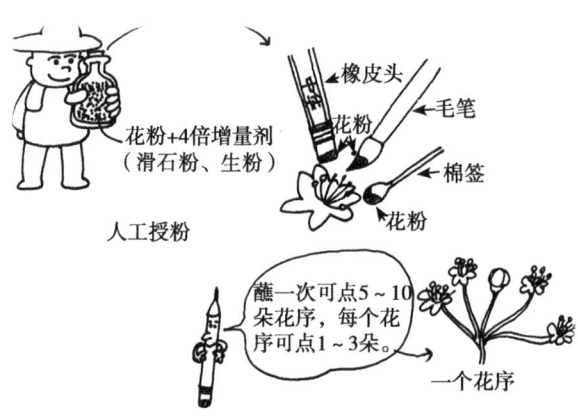

图8-2 人工授粉方法

效。花粉悬浮液配方：水5kg、花粉10g、糖250g、硼砂15g和尿素15g混合后喷雾，在梨初花期和盛花期各喷一次，花粉应随配随用（图8-3）。

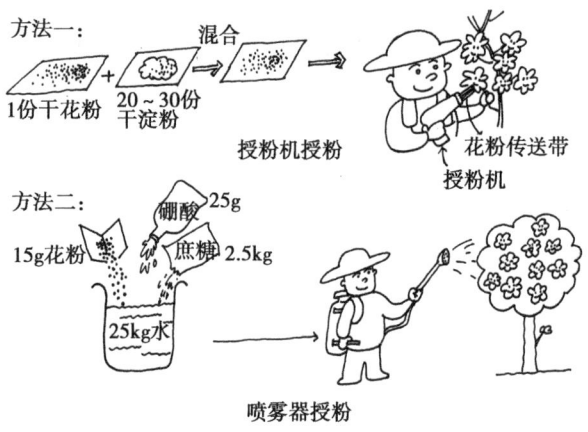

图8-3 机械授粉方法

3. 花期放蜂

花期放蜂辅助授粉可提高坐果率20%左右，增产效果十分明显。新开辟梨园或授粉不良的梨园应进行花期放蜂授粉，在开花前5~10天进行，每 hm² 放2箱蜜蜂。每亩放蜂100头左右，一般5天后为出蜂高峰，恰为梨初花至盛花期，也是最佳授粉期。放蜂前10~15天喷一次杀虫杀菌剂，放蜂期间严禁使用农药防止蜜蜂中毒死亡。对授粉树配置不足的梨园，花期每株树挂1~2个瓶插花枝辅助授粉。

4. 保花保果

保花保果时间在3月下旬至5月上旬。少花树及部分中花树应采取保果（花）措施；对花蕾多而长势一般的树，花蕾露白期适施速效肥；根外追施补充树体缺少的营养元素；保果选用营养型生长调节剂，在谢花后喷1~2次，每次间隔15天。

二、疏花疏果

在正常气象条件下，梨着果率较高，在同花序上常有数个果子，为了保证果实大小一致，提高果实等级，必须进行疏果，而在花量大的情况下，应及时疏花疏果。要正确掌握疏花芽、疏花蕾与疏果的时期和方法。

1. 疏花芽或疏花蕾

（1）疏花芽。结合冬季修剪时疏去过多花芽。冬季疏花芽，应按比例，原则上是花芽：叶芽＝1:1，大约疏除全树花量的一半，但应注意梨树当年花芽形成多少，生产实际中，骨干枝以每15~18cm距离留一个花芽的密度为宜。注意只疏花芽，保留叶芽。疏腋花芽，留顶花芽；疏中长果枝顶花芽，留短果枝花芽，每一花序中留第三四朵花。

（2）疏花蕾：冬季修剪时若疏花芽工作未进行，可在开花前蕾期进行疏花蕾，疏花蕾进行补救，疏蕾标准一般按20cm左右保留一个花蕾。疏蕾原则：疏弱留强，疏小留大，疏密留疏，疏腋花芽留顶花芽，疏下留上，疏除萌动过迟的花蕾，疏除副花蕾，决定疏除多少，还需随时了解气象预报。

2. 疏果

（1）疏果时期。根据品种、树势、花期、气候而定。花量多，树势弱，着果率高的应早疏，花量少的幼树、旺树应迟疏或少疏。天气正常年份宜早疏，反之宜迟疏。早熟品种疏果宜早不宜迟，早疏果有利于果实的膨大。南方疏果在花谢后15天开始至定果套袋前，一般在4月下旬至5月中旬。此时受精果开始膨大正可与未受精果区分，宜早不宜迟，分2~3次进行疏果。

采用3次疏果定量的原则，即第一次，按1个花序留1果，第二次按110%留果量疏果（每隔20~25cm留1个果），第三次修正疏果，疏除朝天果，果柄受伤果及小果（果形小的果在害虫时也是最小的）。

（2）疏果标准。留果量原则，每个果实应具备25~30张叶片，正常年份一个果台可留一个果，果形中等大的品种一个果台可留1~2个果。疏果标准：按叶果比计算，鸭梨为（15~20）：1，雪花梨为（20~30）：1，砂梨系统为（25~30）：1，巴梨为（30~40）：1。成年梨树亩产可达2500kg。留果量：第一次疏果按1个花序留1果；第二次按照果与果的间隔，每隔20cm留1个果；第三次按亩产量和单果重计划留果量再增加10%，单果重0.25~0.4kg，保持叶果比（25~30）：1。

（3）疏果方法。疏果时，留大果，疏小果；留好果，疏病虫果、畸形果；留边果、疏中心果；留靠近骨干枝的果、疏去远离骨干枝的果。据梨园栽培条件、树龄及树冠大小调整疏果量，大年树、坐果率高的树可多疏，小年树、低产树可少疏或仅疏掉病虫果、畸形果。

同一花序梨疏果一般留第二至四位果较好，疏果前结果状与疏果后留果状见图8-4。

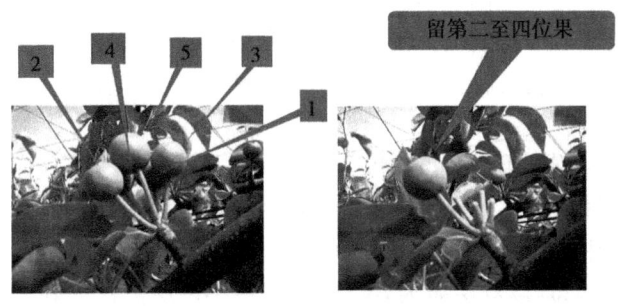

图8-4 梨疏果方法

第三节 果实套袋增质技术

一、果实套袋

1. 梨套袋技术演变

梨果套袋栽培历史悠久，浙江龙游、温岭等地很早就有"箬包梨"远近闻名，如龙游县岑山"箬包梨"就有300多年的栽培历史，岑山"箬包梨"俗称"龙游白梨"，因箬包梨果，以皮薄细白、果肉鲜嫩、水分充足、耐贮藏而闻名，成为龙游县特色地方果品。据1987年调查，箬包梨出产地官塘乡岑山村的梨园自然村，至今仍有数十株百余年的老树照常结果，该村有梨园138亩，总产量37 500 kg，其中，箬包梨有35 000 kg，占93.33%。当时品种主要有雪梨、三花梨和京蜜梨。栽培方法：在谷雨前后梨幼果拇指大小时，先疏去病虫果、畸形果和密生果，然后在幼果外先包一层纸，再用3~5片箬叶用竹丝连成方块，将梨幼果包住。其他管理除重视结果肥与壮果肥外，与常规管理差不多。

20世纪70年代黄花梨、新世纪等梨新品种的问世，套袋技术从报纸、牛皮纸袋，逐渐演变为塑料袋、单层袋、双层袋以及先套内白小袋、后套大纸袋，梨袋品种繁多，套袋技术也得到较大的改进。

2. **纸袋选用**

选择防水性、透气性较好，不易变形破损，具有杀菌防虫效果的专用果袋为好。黄花（黄褐色果可选用单层黄色袋，翠冠（黄绿色果）以双层袋为好，外层灰色，内层黑色为好。果袋选择：生产变色果用双层外黄内黄为好，生产本色果用单层内外黄袋为好。

3. **套袋方法**

果实套袋前病虫防治：在套袋前喷一次杀虫杀菌剂，可用40%信生可湿粉8 000倍或80%大生可湿粉800倍+52.25%氯氰毒斯碑乳油的1 000倍+1.8%阿维菌素乳油2 000倍，防治梨黑星病、黑斑病、梨木虱、食心虫等。

套袋时期：疏果、定果后在4月下旬至5月中旬，一般在谢花后20~45天内完成，过早易伤果皮，过迟会加重绿皮品种的果锈，果点变大。套袋前1~3天全面防治梨幼果期病虫害，选择晴天进行。

对于纸质较硬较好的果袋为避免干燥纸袋擦伤梨幼果果面和损伤果梗，要在套袋前1~2天"潮袋"。

操作方法：必须将袋口撑开托起袋底后将幼果套入袋内，袋口紧缚于果柄着生的上部，使梨果置于袋中，避免果面与纸袋贴住，然后按折扇方式收紧袋口，扎口要紧，防止病虫、药水、雨水等进入，为害或污染袋内果。套袋时要撑开袋体，使果实悬空于袋中，扎紧袋口。一果一袋，先套树上部，后套中下部。

二、涂梨果灵

1. 适用品种与效果

适用品种：梨果灵适用"黄花""新世纪""杭青""翠冠""脆绿"等大部分梨品种。涂梨果灵能起到增大果形，提早成熟，可减少裂果和黑斑病为害，增进品质，增加糖度的作用。

2. 使用时间与方法

时间在第一次疏果后，即梨树谢花后（20~45）天内，具体在4月下旬至5月中旬使用。

使用方法：用梨果灵涂果柄，用毛笔、专用刷、手指蘸梨果灵涂于果台或果柄两侧，每瓶（支）梨果灵（25g）可涂1 200~1 500个梨果。涂果要轻巧，以防伤害幼果。

3. 注意事项

梨果灵用量切勿过多，以免遇高温后药剂下流至果面而造成污斑，影响梨果商品性。

三、果实增质技术

1. 铺设反光膜

梨园铺设银色反光膜，能提高梨树叶片光合作用和果实可溶性糖积累，方法沿树行铺设银色反光膜，铺膜处理可显著增加树冠下部叶片的净光合速率，而对上部叶无显著影响。据报道，铺膜处理可以显著增加果实单果质量，对果实4种可溶性糖和总糖，尤其是蔗糖含量的提高具有一定的作用。铺银色反光膜后蔗糖磷酸合成酶（SPS）的活性高于对照，而中性转化酶（NI）活性明显低于对照。因此铺设反光膜可以提高果实单果质量，促进果实糖积累。

2. 果实促控剂应用

新型果树叶面肥PBO经多年生长梨树生产上应用，得到广大果农的认可,成为优质、稳产高效生产的重要技术。具有控制梨新梢生长,防止徒长,有利光合养分积累及花芽形成的作用。

(1)促进成花。对黄冠梨新梢喷150~300倍PBO能促进成花,效果喷2次比1次好,浓度高的比低的好,如喷2次150倍的比喷2次300倍的成花率高26.6%。

(2)提高果实质量上表现在以下方面。

①增大单果重33.5%~103%,黄花梨PBO处理单果重为500g以上,对照为260g。红香酥梨PBO处理单果重为300g以上,对照为220g,增重36%;园黄和黄金梨盛花末期喷施单果重分别增加85g和20g。②促进脱萼,使公梨(宿萼)变母梨(脱萼),提高品质(图8-5)。一般脱萼的母梨果大、心小、肉细、味甜、形美、品质优;而公梨相反,萼片不脱落引起果洼果锈、黄顶病、黄粉虫等,使外观与内质变差。花前5~7天和盛花末期喷250~300倍PBO,可达到园黄和黄金梨全部脱萼的效果;酥梨处理后脱萼率增加至100%,出口梨国达标率大幅增加。据2010年在龙游县黄花梨上试验,开花前3~7天和花后5~6天各喷一次PBO 250~300倍,脱萼率达67.4%,改善果实外观品质和内在品质。

图8-5 公梨(左)变母梨(右)

(3)提高树体抗性。增加抗寒性,使用PBO后,能显著抑制新梢生长,有利树体养分积累从而提高树体、花、幼果抗寒性,花受冻率比对照降低60%。增强抗病性,使用PBO后,植株充实健壮,树体抗病力提高。

3. 喷施植物营养剂

增施有机肥,重视测土配方,配合氮磷钾的平衡施肥。施好壮果肥:第一次在5月下旬,每亩施20kg复合肥,加硫酸钾11kg,第二次在6月中下旬,每亩施40kg复合肥,满足果实膨大所需的养分,促进花芽分化。

花期喷硼:硼能促进花粉管的萌发与伸长,促进树体内糖分的运输,花期喷硼能提高梨的坐果率。在开花25%~75%时喷1次0.3%~0.5%的硼砂溶液或21%速乐硼1000~2000倍,加0.3%~0.4%尿素。

在梨生长及时补充钙、镁、铁、锌等微量元素,防止缺少微量元素而引起品质下降。

第四节 采收与贮藏技术

果实采收与贮藏是梨果实品质管理中的最后一个环节,直接关系到梨果的商品质量与货架期,是联系生产者与消费者、实行生产经济效益的关键。这个过程包括采收、选果分级、预贮与包果。

一、果实采收

1. 采收时间

据果皮颜色、果实内种子的颜色、果柄与果枝的脱离难易及香气判断采收成熟度。用于贮藏、运输的果实要适当早采,套袋梨果比不套袋果迟7天采摘。

2. 采收方法

采摘时手握果实向上提,轻轻一扭即可采。采收果实应选黄

留青、先大后小,按树冠先外后内、先下后上的顺序分批采收。

3. 采收要求

装果实的容器必须清洁干燥,并垫纸或柔软缓冲材料;轻采轻放,要保持果梗完整或剪平,套袋果连同果袋一起采下,采收人员应剪平指甲,不攀枝拉果,切忌果实机械伤;机械伤果、病虫果、残次果、畸形果、沾泥落地果另行放置;果实随采、随运、随入临时仓库,避免日晒雨淋。

二、选果分级

选果:果实入库后立即进行选果,剔除病虫果、畸形果、残次果、机械伤果。

分级:鲜果梨质量分3个等级,其余为等外品,梨果分级指标参见相关标准。

三、贮藏与保鲜

1. 预贮与包果

预贮:分级后将果实放在通风处,预贮1~2天。

包果:预贮后的果实用专用纸包果,再行贮存,也可裸果贮存。

包装物:可选用瓦楞纸箱、木箱、塑料箱和条筐作贮果用具,应符合 GB/T 6543 的规定,贮果用具内壁必须平整,衬垫软物,贮果用具的容量为 15~25kg。

2. 贮藏库房要求

贮藏前库房打扫干净,贮果用具洗净晒干消毒。

冷藏库贮藏:在 1~3℃,相对湿度85%以上的库房中冷藏。

通风库贮藏:通风库应具有良好的通风换气和保温保湿能力,并严防鼠害。梨果入库后宜保持温度 4~16℃,相对湿度为 75%~85%。定期检查果实腐烂情况,及时拣出烂果。

3. 贮藏与保鲜

贮藏方式：可采取箱贮、架贮和堆藏等方式。

保鲜指标：贮存 1~3 个月，总损耗不超过 10%，能保持黄花梨固有的外观和风味。

第九章　梨树主要病虫害的防治

病虫害防治是梨取得丰产优质的主要环节，也直接关系到梨果实质量安全。目前我国已知的梨树病虫有 150 多种，对梨经济栽培影响较大的有 30 多种。如梨黑心病、黑斑病、轮纹病、梨食心虫、梨木虱等成为我国生产上的重大病虫害，对梨产业发展造成极大的影响。20 世纪 80 年代以来，我国梨病虫防治主要依赖化学防治的方法，造成病虫对农药抗性的增加，同时对环境及果实造成污染。随着人们对果品质量安全意识的提高，梨树病虫防治需要采取高效低毒、低残留的农药，因此，生态、环保、安全的病虫绿色防控技术正在兴起。

第一节　梨树病虫害防治的基本方法

梨树病虫防治应按照"预防为主，综合防治"的植保方针，遵循"经济、有效、安全、简便"的治理原则，以植物检疫、农业防治、物理防治为基础，提倡生物防治，科学使用化学防治技术，有效控制病虫为害，保障农产品质量安全，保护生态环境。

一、农业防治

通过加强梨园栽培管理的农业措施，提高树体抗病虫能力，创造不利于梨病虫发生的环境条件，有效降低病虫为害程度。

选用优质无病毒苗木栽植，远离柏树种植区建园，可减轻梨

第九章 梨树主要病虫害的防治

锈病的发生，不与其他品种果树混栽，可减轻梨食心虫的发生。

加强栽培管理，保持树势健壮，提高抗病力；采取平衡施肥增施有机肥、适时排灌水、合理负载结果等措施增强树势，提高对梨腐烂病、干腐病、轮纹病等病的抵抗力，这些弱寄生菌在树势衰弱时容易发病，一些病害的流行都与树势衰弱有关。

科学修剪，合理修剪能改善树冠内堂的通风透光条件，减轻病虫害的发生，冬季修剪时，剪除枯枝、病虫枝和病僵果等，可有效减少越冬病虫源，减轻次年梨黑星病、食心虫、梨茎蜂的为害。

冬季清园，减少病虫源。搞好梨园的越冬管理，冬季清洁梨园，铲除病虫越冬场所，可有效减低病虫越冬基数。梨黑星病、轮纹病、黑斑病、梨木虱、梨网蝽等在树下枯枝落叶杂草中越冬，梨轮纹病、腐烂病、干腐病和梨小食心虫、黄粉蚜、山楂叶螨等在树皮中越冬。因此，刮树皮、清除枯枝落叶杂草可消灭梨树越冬病虫，可以达到夏病冬治、事半功倍的效果。

二、物理防治

根据害虫生物学特性，采取糖醋液、树干缠草绳和诱虫灯、诱虫黄板等方法诱杀害虫。

1. 灯光诱杀

根据害虫的趋光性，用频振式诱虫灯诱杀食心虫、吸果夜蛾等害虫。

2. 胶带阻隔

在主干离地 20～30cm 处绕 15～20cm 的不干胶带，将刚出土的蚱蝉幼虫阻隔在树下，在 20：00～21：00 集中收集处理。

3. 性诱剂诱杀

利用害虫性诱剂诱杀害虫，如梨小食心虫、卷叶蛾、桃蛀螟等害虫有很好的效果。

4. 果实套袋

果实套袋不仅可以改善果实外观品质，还可以防止梨食心虫、卷叶蛾、蝽象、黑星病、轮纹病等病虫。

5. 人工扑杀

利用有些害虫的群集性、假死性等的特殊生活习性，如梨金龟子、梨茎蜂的假死性，梨木虱的趋幼叶性、茶翅蝽、梨实蜂的早晚不活动性，振枝落地，人工捕杀，集中消灭。

三、生物防治

生物防治是利用生物及生物代谢产物来控制病虫害的一种方法。

1. 保护和利用天敌

常见的梨害虫天敌昆虫有寄生性和捕食性两大类。寄生性天敌有寄生蜂和寄生蝇，如赤眼蜂、壁蜂等。捕食性天敌昆虫有瓢虫、草蛉、食蚜蝇、花蝽和捕食螨。要保护和利用赤眼蜂、瓢虫、捕食螨等天敌。

2. 应用昆虫性外激素

昆虫性外激素是雌成虫分泌的用来引诱雄性昆虫前来交配的化学物质，这种物质现已经能够人工合成。如梨小食心虫性外激素应用较多，每亩挂3~5只性外激素诱心，可有效降低梨园内梨小食心虫的蛀果率。

3. 应用生物农药

以虫治虫、以菌治虫等的生物防治。主要有昆虫病原真菌、昆虫病原细菌、昆虫病毒和昆虫病原线虫、杀虫抗生素等，以杀虫抗生素应用最为广泛，多数为链霉素的代谢产物，对昆虫和螨类有很强的致病和毒杀作用，如阿维菌素等。

4. 果园养鸡

利用鸡消灭杂草昆虫，实现生态循环的新模式。

四、化学防治

化学防治是应用化学药剂防治梨病虫害的方法,常用施药方法有喷雾、喷粉、涂干和地面施药。

1. 预测预报

预测预报是病虫害防治的基础,掌握防治适期进行化学防治的关键。应有限制地使用高效、低毒、低残留农药品种,其选用品种、使用次数、使用方法和安全间隔期应按 GB 4285—1989、GB/T 8321(所有部分)的要求执行。农药使用按 NY/T 1276—2007 执行。

2. 科学防治

选择合适的施药部位:根据害虫的为害部位与生活习性,可达到精准施药、减少农药用量,提高防效。选择适宜的喷药时间,如害虫生命周期中对农药的敏感期。化学农药的交替使用,农药交替使用可延缓病虫抗性的产生,提高农药的防治效果。如 1% 甲维盐和 48% 乐斯本交替防治梨小食心虫,可使虫果率降低至 1% 以下。农药的合理混配可节省化学防治的劳动力成本,如杀虫剂与杀菌剂、杀虫剂与杀螨剂、杀螨剂与杀菌剂混用,还有农药与叶面肥混用,要进行实验科学合理混配,才能达到防治病虫害、根外追肥、节约成本的目的。

五、梨病虫害的绿色防控

1. 挂诱虫灯

每 30 亩挂一只频振式诱虫灯,悬挂高度在树冠 2/3 处,一般高度 1.8~2.4m,5 月中旬至 9 月中旬开灯。

2. 挂黄板

高度在梨园内 1.5m 左右,每亩挂 20 片,黄板规格 20cm×30cm。

3. 挂性诱剂

离地高度 1.5m 处，挂梨小食心虫性诱剂诱集器，每亩挂 3~5 只，每 30 天换一次诱芯。

4. 架设防虫网

防虫网直接架在棚架上或大棚的两头，便于进出管理。

第二节 梨树主要病害的防治

梨树病害种类较多，其中较重要的有十几种。因不同梨栽培区域的主栽品种和气候不同，主要发生病害的种类有很大的不同。各梨产区可根据当地病害的发生情况确定 2~3 种发生面广、为害重的作为主要防治对象。

一、梨黑星病

梨黑星病又称疮痂病，俗称黑霉病，是梨树的一种主要病害，梨产区均有发生。

(一) 为害症状

黑星病为害果实、果梗、叶片、叶柄和新梢等，梨树绿色幼嫩组织均可被害。其中以叶片和果实受害为主。

叶片受害，发病初期叶片背面产生多种形状的黄白色病斑，病斑以圆形、椭圆形为主，病斑沿着叶脉扩展。斑上产生黑色霉层，病斑较多时霉层布满整个叶背面，有的延伸到叶下面，通常情况下叶片正面产生圆形或不规则褪色黄斑。叶柄发病时症状与果梗类似。叶柄受害往往引起早期落叶（图 9-1）。

果实受害，受害发病初期果面产生淡黄色圆形斑点，斑点逐渐扩大并出现略凹陷，斑点处长出黑霉，后病斑变坚硬木栓化开裂。小幼果受害在果柄或果面产生黑色或墨绿色霉斑，斑为近圆形，受害小幼果大部分脱落。稍大一点幼果受害，变成畸形不脱

图 9-1 梨黑星病（叶片）

落。较大果期受害，果面产生圆形大小不一的黑色病斑，病斑表面粗糙，硬化后开裂。近熟期果受害，产生淡黄绿色病斑，病斑略凹陷，个别病斑上产生霉层。果梗受害后出现椭圆形的黑色凹斑，上着生黑霉。带病果或带菌果冷藏后，病斑上霉层变密（图 9-2）。

图 9-2 梨黑星病（果实）

新梢受害，初期受害产生黑色或黑褐色椭圆形的病斑，病斑中部逐渐凹陷，表面着生黑霉。后期病斑呈疮痂状，边缘开裂。病斑向上扩展通常使叶柄变黑。发病枝梢叶片开始时变红，后期变黄，最后干枯，不易脱落。

芽鳞受害，一般枝条上次顶芽容易受害，发病后期产生黑霉，严重时芽鳞开裂枯死。

花序受害，花萼和花梗基部受害后出现黑色霉斑，病情扩散延伸到叶簇基部，导致花序和叶簇萎蔫枯死。

（二）发病规律

病菌主要以分生孢子、菌丝体在腋芽的鳞片、枝梢发病部和落叶上越冬。第二年春季通常最先在新梢基部发病，病梢是其他部位致病菌的传染源。一般在4月下旬至5月上旬开始发病，7~8月雨季为发病盛期。降水量大，连续降雨天，空气湿度高，容易引起病害的流行。

（三）防治方法

1. 清除越冬病菌

秋冬季时清除园内落叶和残枝，集中烧毁。叶后喷渗透性强的杀菌剂，清除病源。

2. 加强栽培管理

合理施肥浇水，提高树势增强抗病力，剪除发病枝梢。

3. 喷药防治

（1）萌芽用前。喷1~3波美度石硫合剂或80%大生M–45可湿性粉剂600倍液进行保护，以及或40%福星乳油6 000~8 000倍液或12.5%特谱唑2 000~2 500倍液等杀菌剂。

（2）生长期用药。生长期到采收前喷药，一般需喷药3~4次，在采收前必须喷1次药。药剂选择有40%福星乳油6 000~8 000倍液、10%苯醚甲环唑2 500倍液、12.5%特谱唑可湿性粉剂1 000~2 000倍液、40%腈菌唑（信生）2 500~3 000倍液等。雨季前可喷1：（2~3）：（200~240）波尔多液、30%绿得宝

400~500倍液等。

二、梨锈病

梨锈病又名赤星病。各梨产区均有发生,是梨树的主要病害。发病时易引起枯叶和落叶,造成果畸形,易早落,影响梨果产量和质量。

（一）为害症状

主要为害梨树嫩叶、新梢和幼果。发病初期叶片面产生带光泽的橙黄色小斑点,后逐渐扩大成为中部橙黄色,边缘淡黄色,最外面有一层黄绿色晕的近圆形病斑,表面产生不少橙黄色的小点（图9-3）。湿度大时小点溢出淡黄色黏液。后病斑部位组织慢慢变厚,正面稍凹陷,背面隆起,丛生黄色簇状物,呈羊胡子状,后病斑逐渐变黑（图9-4）。

图9-3 梨锈病（前期）

幼果受害时果面出现橙黄色病斑,上生产小黑点和黄色毛状物。受害后果变畸形早落。新梢、果梗和叶柄被害时,与果被害

图9-4 梨锈病（后期）

症状基本相同，病斑上也是黄色簇状物，后期病斑干裂。易引起落叶、落果、枝梢枯死等。

（二）发病规律

病菌在转主寄主桧柏枝上形成的菌瘿上越冬，第二年春天3月形成侵染物，随风雨传播到梨树上侵害等。梨树展叶开始的20天内最易感病。病菌侵染潜伏发作后，在病斑产生繁殖，产生新的侵染物，借风从梨树转移到桧柏等转主寄主上，侵染为害，并在松柏上越夏、越冬，第二年春天再形成侵染物，借风传到梨上侵染为害。这样在梨树和桧柏上一年形成一个循环。病菌在梨树上不重复侵染，一年中只侵染一次。

（三）防治方法

1. 清除转主寄主

梨锈病是梨树与桧柏之间循环为害，清除梨园周围的桧柏，切断侵染环节，可有效防治锈病的发生。彻底铲除梨园周围5km范围以内的龙柏、松柏等。

2. 控制传染源

梨园周围柏等柏木不能彻底清除时,在3月上中旬用药波美3~5度石硫合剂或40%福美砷100液喷桧柏,防止病菌从柏树上传播到梨树。

3. 喷药保护

梨树萌芽到展叶后25天内最易感病的时期喷药保护,以后每隔10天左右喷1次,连续喷3次。药剂可用15%粉锈宁乳剂2 000倍液、10%苯醚甲环唑2 500倍液、12.5%烯唑醇可湿性粉剂1 000~2 000倍液。

三、梨轮纹病

梨轮纹病又称粗皮病。苹果、梨产区主要的病害,主要为害枝干、果实,有时为害叶。

(一) 为害症状

枝干发病,发病初期形成以皮孔为中心的突起斑点,逐渐扩大呈近圆形的暗褐色病斑,中心隆起呈瘤状。后病斑边缘下陷成一个围绕斑的圆圈。第二年斑上产生不明显黑色点。后期发病部与健康部交界处产生裂缝,病斑边缘翘起。病斑向外扩散后,再次形成边缘翘起病斑,连年扩展后多个病斑连在一起,形成不规则大斑,树皮表面粗糙,俗称"粗皮病"。病斑一般限于树皮表层,发病较重的树长势衰弱,后枝条枯死(图9-5)。

果实发病,初期形成以皮孔为中心的水渍状斑,斑圆形坏死,浅褐色至红褐色,后逐渐扩为清晰的同心轮纹,轮纹红褐色至黑褐色(图9-6)。发病处呈圆锥状向果肉内腐烂,流出酸臭褐色黏液。最后病果渐失水干缩成黑色僵果,表面产生黑色粒点。果实发病多在近成熟期和贮藏期出现。

叶部发病,形成近圆形或不规则褐色斑,有不明显的同心轮纹,病斑后逐渐变为灰白色。叶上病斑多时,致叶片焦枯脱落。

图 9-5 梨枝干轮纹病

图 9-6 梨果实轮纹病

(二) 发病规律

病菌主要在枝干病斑上越冬,第二年春季产生易随风雨传播

第九章　梨树主要病虫害的防治

的传染物,从皮孔侵染枝干和果实为害。病菌侵入后先期潜伏,待条件适宜才扩展发病。枝干被侵染后一般8月开始出现病斑,果实侵染后一般到成熟临近采收时陆续出现轮纹状病斑。枝干病斑每年春秋出现两次扩展高峰,夏季基本停滞不扩展。病斑数量和为害程度与降雨次数和雨量大小有关系。

(三) 防治方法

1. 清除越冬菌源

彻底刮净枝上病斑,剪除枯死枝。刮斑后涂抹托布津油膏或喷溃腐灵轮纹铲除剂,具有明显的治疗效果。

2. 强化栽培管理

控制氮肥,增施有机肥、磷肥、钾肥,提高树的生长势,增强树体本身抗病能力,是预防轮纹的一个有效措施。

3. 果实套袋

疏果后,喷一次药后,果实套袋,能有效防止轮纹病发生。

4. 药剂防治

生长期喷药,喷药次数根据往年病情、当年降水及药效长短,确定喷药次数。一般需喷5次药,时间为5月上中旬、6月上中旬及中下旬(麦收前和后)、7月上中旬、8月上中旬。每间隔10~15天喷施1次。药剂可选用50%多菌灵可湿性粉剂800倍或70%甲基托布津可湿性粉剂1 000倍、或30%绿得保杀菌剂400~500倍或12.5%速保利可湿性粉剂3 000倍或80%大生M-45可湿性粉剂600~1 000倍。

四、梨黑斑病

梨黑斑病是梨树上的重要病害之一,梨区普遍发生。酥梨、雪花梨最易感病,严重时引起裂果和落果。

(一) 为害症状

主要为害叶片、果实及新梢。叶片受害,最先发生在嫩叶上。发病初期叶面产生圆形褐色至黑褐色的小斑点,边缘明显(图9-7)。病斑逐渐扩展圆形或不规则形病斑,中心灰白色至灰褐色,边缘黑褐色,有时病斑上有轮纹。病斑多时,常融合成不规则形大斑,叶片焦枯,变畸形早期脱落(图9-8)。湿度大时,病斑表面产生黑色霉层。

图9-7 黑斑病(嫩叶)

幼果受害,初期在果面上产生圆形褐色的小斑点,逐渐扩大变成近圆形至椭圆形,颜色变浅为黑褐色,病斑微凹陷,随着果长大,果面畸形、龟裂,有时裂缝深达果心,裂缝内产生黑霉,引起果早落。较大果受害时病斑果实软化、腐烂。发病重的果多个病斑连在一起,可使整个果面呈黑色,为墨绿色至黑色霉层。

新梢及叶柄受害,初期产生椭圆形黑色病斑,微凹陷,后随梢生长和病斑发展,逐渐扩大为长椭圆形,颜色变淡褐色,凹陷较明显。病斑边缘产生裂缝,发病梢或叶柄易枯死。

(二)发病规律

病菌在病梢或落叶和落果上越冬。第二年春季越冬产生传播物,经风雨传播,从气孔、皮孔或直接侵入侵染,发病后可引起

图 9-8 梨黑斑病 (老叶)

多次再侵染。高温和高湿有利于病害的发生，一般4月下旬开始发病，气温在 24~28℃，出现连续降雨时，利于黑斑病的发生和蔓延。地势低洼、偏施化肥，梨网蝽、蚜虫为害较重等因素，容易引起该病的为害。

(三) 防治方法

1. 清洁果园，减少侵染源

冬季或萌芽前，清除果园内落叶、落果，剪除病枝梢，集中烧毁或深埋。

2. 做好栽培管理，提高树势

增施有机肥料，保持良好长势，提高抗病能力。

3. 喷药防治

发芽前喷施1次 3~5 度石硫合剂与 0.3%~0.5% 五氯酚钠混合液，除治树上越冬病菌。生长期喷药，药剂选择 10% 宝丽安水剂 1 000~1 500 倍液或 50% 扑海因可湿性粉剂 800 倍液或 80% 大生 M-45 可湿性粉剂 600~1 000 或 1.5% 多抗霉素水剂 500 倍液等。

五、梨腐烂病

主要为害主枝和侧枝皮层,病部多为椭圆形,组织解体易撕裂,发出乙醇气味。

(一) 发病症状

主要为害主枝和侧枝皮层。发病初期病部稍隆起,水渍状,红褐色至暗褐色,手压病部稍下陷并溢出红褐色汁液。病部多为椭圆形,组织解体易撕裂,发出乙醇气味。在较抗病的秋子梨及白梨树上,病部扩展比较缓慢,多限于表皮,很少扩展成环绕整个枝干。在西洋梨等感病品种树上,病部扩展较快,常烂到木质部,形成层被破坏,不能长出新树皮使枝干死亡。发病30天左右,病部凹陷干裂,病、健皮交界处发生裂缝,病皮表面开始密生疣状小黑点,即病菌子座,约0.5mm,雨后吸水涌出黄色孢子角。在衰弱树或一二年生枝条上病害扩展迅速,很快将枝条皮层环绕腐烂,造成枝条干枯死亡(图9-9)。

图9-9 梨主干腐烂病

病原菌:菌丝生长适宜温度范围5~38℃,适温26~29℃,分生孢子在水中不易萌发,在树体汁液中生长良好,相对湿度

60%以上时，易形成淡黄色的孢子角。

图9-10 梨早期落叶病

病原菌以菌丝体、分生孢子器、孢子角和子囊壳在病组织中越冬。梨园中堆放的干柴和病残枝是病菌初侵染源。病菌可以通过雨水、昆虫、人等传播，从伤口（冻伤、虫伤、剪口）、皮孔侵入。

（二）发病规律

病菌以菌丝、分生孢子器和分生孢子在病树上越冬。第二年春开始扩展，产生分生孢子器，分生孢子器吸收水分后被挤出伤口，靠风、雨、水将孢子分散传播开来。病菌可以从枝条皮孔、伤口、虫孔等处侵染，形成春秋两季的发病高峰。病菌具有潜伏侵染特性。树体被病菌侵染后是否致病，依树势的强弱而定。若树势强不会立即致病，而呈潜伏侵染状态；当树势或部分枝干衰弱时，病菌由潜伏状态转变为致病状态，表现出病症。一般幼树发病轻，老龄树发病重；春秋两季发病重，夏季基本不发病。

发病原因：①低温冻害。冬季低温，造成梨树冻伤，皮层组织受损，树势明显衰弱，为腐烂病的发生蔓延创造了条件。②蛀干害虫。近年来，香梨优斑螟已成为梨树的主要害虫，该虫幼虫以蛀食树干皮层为主，引发树体伤口，导致腐烂病菌侵染而为害加重。③管理粗放。树体负载超量，消耗大量养分；修剪不良，引起大小年结果现象；修剪伤口多，未能及时涂抹保护剂，树体失水，愈伤组织形成较慢。④土壤条件差。地下水位高，盐碱重，根系吸收养分困难；土质不良，保水保肥能力低，肥水流失量大；土壤结构不良，通透性差，有机质含量低，根系生长不良，引起树势衰弱，导致腐烂病发生。⑤梨树黄化病。由于梨树黄化病为害，叶片失绿变黄，光合作用减弱，树体所需养分不能合成，树势衰弱导致腐烂病的发生。

（三）防治措施

加强肥水管理，保持树势健壮，增强抗病能力，是减少发病的基本措施。合理控制结果数量，增施有机肥，适当控制氮肥，增施磷、钾肥，确保树体内积累充足养分，树势稳健。

消灭病原菌。①剪除带病菌的枝条，锯掉死枝，挖除病死树，剪截和刮除长出病菌孢子器的枝梢和病皮烧毁，保护伤口。②清除园内带菌枝条，集中堆放在远离梨园处，上面覆盖，以防止分生孢子扩散。③根据腐烂病周年发生规律，病斑刮治的重点时期应在春季果树发芽前后、落花后和晚秋 3 个时期，其中果树发芽前后刮老翘皮边缘以及下部的小病块；果树落花后，刮除新出现的腐烂病斑；秋季采果后，刮治当年形成的落皮层边缘的表层溃疡型腐烂病斑，防止缓慢扩展。春季刮治因病斑多烂到木质部，多刮成"梭行立茬"，夏秋季因病斑多烂到木质部，采用从外向里片削的刮治，减少刮治过多地伤害活树皮组织。④涂抹防腐抗菌药剂，如 40% 福美坤 50 倍液、843 康复剂、果复康等，将树皮清出梨园，深埋或烧毁。⑤对于病情重、树势弱、树体内潜伏病菌较多的梨园，喷施 40% 福美坤 100 倍液、50% 乾坤宝 1 000 倍液、50% 多菌灵 500 倍液等。

对于已发病，但还有生产价值的梨树，可用憋芽、重新嫁接等方式恢复树势,但要提高嫁接部位,在干高 50cm 处。对于病情严重,且无生产能力的梨树,及早更新。

晚秋早停止灌水,促使枝条老化,防止冻害发生;入冬前在树干上涂石硫合剂,保护主干。

第三节　梨树主要虫害的防治

一、梨木虱

梨树主要害虫之一,成、若虫刺吸芽、叶、嫩枝梢汁液为害(图 9-11、图 9-12)。叶片受害形成褐色枯斑,严重时形成全叶变褐。若虫分泌大量黏液,诱发煤污病。新梢被害后发育不良,果实受害后果面呈烟污状。

图 9-11　梨木虱(若虫)

(一) 形态特征

成虫分冬型和夏型两种,冬型体长 3mm 左右,褐色,翅有黑色斑纹。夏型个体较小,黄绿色,翅无斑纹。若虫扁椭圆形,第一代若虫淡黄色,夏季各代若虫初乳白色,后浅绿色。若虫分

图 9-12 梨木虱为害状

泌黏液,招致杂菌,使叶诱发煤污病。

(二) 发生特点

华北地区一年发生 6~7 代。以冬型成虫在落叶、杂草、土石缝隙及树皮缝内越冬。第二年春天 2~3 月开始活动,梨树发芽前开始在叶痕处产卵,发芽展叶期卵多产于芽茸毛内、叶片主脉等处。若虫以群集为害为主。若虫分泌胶液,在胶液中取食为害。世代重叠,以 6~8 月为害最重,全年可为害。干旱年份发生严重。

(三) 防治方法

1. 清园除虫

秋末、早春清除园内枯枝落叶及杂草,刮树皮,并结合冬灌,消灭越冬成虫。

2. 药剂防治

药剂防治抓住成虫早春大量活动期和第一代若虫孵化期两个时期,即 3 月中旬越冬成虫出蛰期和梨落花 95% 左右。发芽前可用菊酯类药剂;落花后是一年防治的关键时期,可用 20% 螨克(双甲脒) 1 000 倍液或 10% 吡虫啉可湿性粉剂 2 000 倍液或 1.8% 阿维虫清 2 000~3 000 倍液或 35% 赛丹乳油 2 000 倍液等药剂。

二、梨小食心虫

梨小食心虫简称梨小,别名桃折心虫,又名东方蛀果蛾,在我国广泛分布,为梨树重要害虫,华北、华中、华南等梨园均有发生。除为害梨、桃外,还为害苹果、杏、李、樱桃等。

(一)形态特征

1. 为害状

梨园中新梢和芽为害,前期幼虫主要为害新梢、芽和叶柄,后期主要为害果(图9-13、图9-14)。芽被害时从芽基部咬小孔蛀入,外留有碎屑。叶柄和新梢被为害时,幼虫从叶柄或新梢靠近枝干部咬孔蛀入内部取食为害,孔口有排出的粪。被害新梢萎蔫下垂、枯死,易折断。果实为害,幼虫多从果萼和梗洼处蛀入,直到果心蛀食种子。早期被害果蛀孔外有虫粪排出,晚期被害多无虫粪,虫孔周围腐烂变褐色,并扩大凹陷,形成"黑膏药"。后期蛀孔小,且周围呈绿色。脱离果时出孔圆形较大,孔口有丝网与虫粪连接在一起。

2. 形态特征

体型较大,成虫体长6~7mm,全身灰褐色,前翅有8~9个白色短斜纹;中央近外缘1/3处有一明显白点。幼虫体长10~13mm,老熟粉红色。

(二)发生特点

华北地区一年发生3~4代,江南年发生4~5代。以老熟幼虫在树干基部土块缝中或树翘皮缝内等处结茧越冬。越冬幼虫于第二年春季4月上旬开始化蛹,4月下旬至6月中旬越冬代成虫羽化,羽化盛期为5月下旬。5月下旬第一代幼虫开始孵化,到6月下旬至7月中旬逐渐出现第一代成虫,第二代成虫在7月中旬至8月下旬出现,第三代成虫在8月中旬至9月下旬出现,第四代幼虫一般不能在当年完成发育,基本都滞育越冬。越冬代和

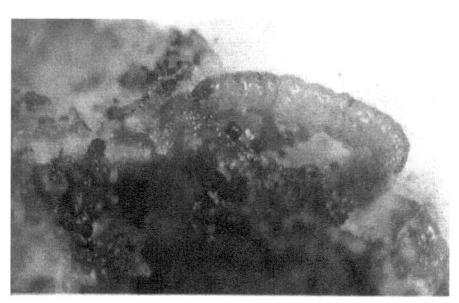

图9-13 梨小食心虫(幼虫蛀果内)

图9-14 梨小食心虫为害果(虫孔)

第一代幼虫主要为害梨梢、芽、叶柄。第二代幼虫以为害梢、芽、叶柄为主,部分为害果,第三代幼虫主要蛀食为害果。8月下旬是果受害最为严重的时间。各代发育期不整齐,世代重叠现象严重。卵期:春季8~10天,夏季4~5天。幼虫期10~15天,蛹期7~15天,成虫寿命11~17天,完成1代需30~40

天。成虫对黑光灯有一定趋性，对糖醋液有较强趋性。幼虫喜食肉细、皮薄、味甜的梨品种，因此，中国梨品种受害较重，西洋梨受害较轻。

在梨、桃树混栽的果园为害尤为严重，发生情况复杂。春季幼虫主要为害桃梢，夏季一部分幼虫为害桃梢，另一部分为害梨果，秋季主要为害梨果。

（三）防治方法

1. 消灭越冬幼虫

春季发芽前，刮老树皮，消灭在其中越冬的幼虫；秋季越冬幼虫脱果下树前，在树干或主枝基部绑草把引诱幼虫越冬，集中解下烧毁。

2. 诱杀成虫

树上挂装有糖醋液的容器诱捕成虫，糖醋液比例为红糖∶醋∶酒∶水＝2∶4∶1∶16；树上挂置黑光灯诱杀成虫，3月中旬至10月中旬悬挂频振式杀虫灯，可以有效诱杀成虫。

3. 药剂防治

各代成虫发生期，喷药防治。药剂可选用2.5%绿色功夫乳油3 000倍液或2.50%敌杀死乳油3 000倍或40%毒死蜱乳油1 200～1 500倍液等药剂。

三、梨茎蜂

又名梨茎锯蜂，俗称折梢虫。成虫产卵时为害梨新梢（图9－15、图9－16）。

（一）形态特征

成虫体长7～10mm，黑色有光泽，翅透明，雌成虫尾部有一产卵器。幼虫体长8～11mm，乳白色或黄白色，头淡褐色，体扁平，头下弯，尾部上翘。新梢被害折断，在折断的梢下部有一黑色伤痕，内有一卵粒。幼虫在短橛内食害。

图 9-15 梨茎蜂（成虫）

图 9-16 梨茎蜂（成虫为害新梢）

（二）发生特点

一年发生 1 代，老熟幼虫或蛹在被害的 2 年生小枝内越冬。第二年 3 月中下旬化蛹，梨树花期时成虫羽化，4 月上中旬梨树落花时开始产卵。产卵前先用锯状产卵器将新梢上部嫩梢锯折，在锯折处产 1 粒卵。4 月下旬幼虫开始孵化，幼虫孵化后向下蛀食。5 月下旬以后蛀入 2 年生小枝继续取食，10 月以后越冬。

（三）防治方法

1. 剪除为害枝

结合冬剪剪除幼虫为害的 2 年生干橛枝条；春季成虫产卵后，及时剪除受害的小枝折梢，清除虫卵和幼虫。

2. 药剂防治

药剂防治要在成虫发生时期进行。药剂可选择 2.5% 功夫菊酯 1 500 ~ 2 000 倍液，20% 速灭杀丁 1 500 ~ 2 000 倍液，2.5% 溴氰菊酯 1 500 ~ 2 000 倍液等。

四、梨黄粉蚜

又名梨黄粉虫、梨瘤蚜。在我国北方梨产区普遍发生，主要为害梨树果实、枝干和果台枝等，叶很少受害。

（一）形态特征

成虫长约 0.8 mm，卵圆形，鲜黄色，有光泽，无翅。若虫淡黄色，形体与成虫相似，虫体较小。以成虫和若虫群集在果实萼洼处和梗处为害，虫口较大时，堆满果面，似一堆堆黄粉。受害果实皮表面初期呈黄色稍凹陷小斑，后逐渐变黑，常形成龟裂的大黑疤（图 9 – 17、图 9 – 18）。

（二）发生特点

一年发生 8 ~ 10 代。以卵在树皮裂缝或枝干上残附物内越冬。第二年梨树开花时卵开始孵化，若蚜在翘皮下的幼嫩组织处取食树液，生长发育并繁殖。6 月中下旬后，若蚜转移到果萼处为害果实，7 月中下旬至 8 月上中旬是为害果实的高峰期，8 月下旬至 9 月上旬进入粗皮缝内产卵越冬。温暖干燥的气候环境有利于发生繁殖。

（三）防治方法

1. 人工防治

早春刮除树上的粗皮、翘皮及附属物，清除期内的越冬虫卵。

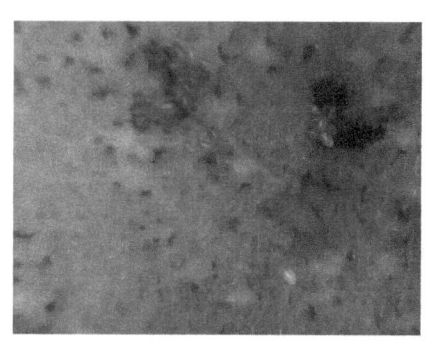

图 9-17 梨黄粉蚜（卵和若虫）

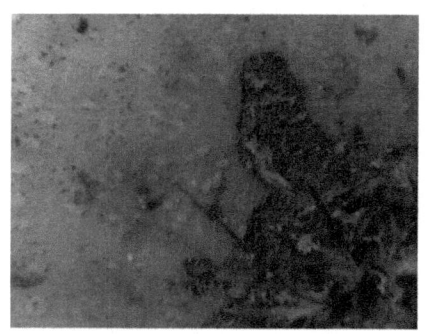

图 9-18 梨黄粉蚜为害果实

2. 药剂防治

发芽前喷 0.2 波美度的石硫合剂，并添加 0.3% 洗衣粉，以增加黏着性。为害期选择药剂为：10% 吡虫啉可湿性粉剂 3 000~4 000 倍液，3% 啶虫脒乳油 2 000~2 500 倍液，48% 毒死蜱乳油 2 000 倍液，20% 氰戊菊酯乳油 3 000 倍液。喷药重点是果萼洼处。

五、梨星毛虫

又称梨狗子、饺子虫等,梨树主要的食叶性害虫。以幼虫食害花芽和叶片,除为害梨树外,还为害苹果、海棠、桃、杏、樱桃和沙果等果树。发生严重时常将梨芽吃光,致使梨树不能展叶,造成当年第二次开花。

(一) 形态特征

成虫体长 9～12mm,烟黑色。翅烟黑色,半透明。老熟幼虫体长约 20mm,白色或淡黄色,纺锤形,从中胸到腹部第八节背面两侧各有 1 圆形黑斑,每节背侧还有星状毛瘤 6 个(图 9 – 19、图 9 – 20)。以幼虫咬食为害花芽和叶片。梨树发芽后,越冬幼虫为害花芽、叶芽、花蕾和嫩叶。落花后,幼虫吐丝将叶粘成饺子状,在叶苞内取食叶肉为害。树皮缝越冬茧白色。

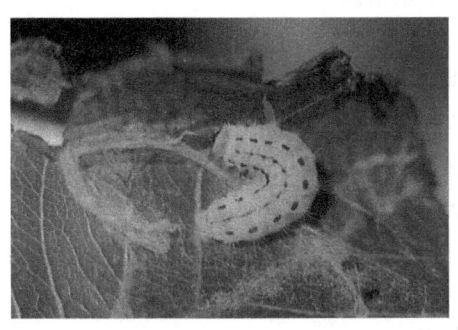

图 9 – 19 梨星毛虫幼虫

(二) 发生特点

华北地区一年发生 1 代,以 2～3 龄幼虫在树皮裂缝等处做薄茧越冬。第二年春梨花芽萌发时,逐渐开始活动,破茧出来为害,4 月中旬达到最大出茧量,主要为害花蕾,也为害叶芽、花芽和嫩叶等,5 月上、中旬主要为害叶,大龄幼虫吐丝缀叶成饺

图 9-20 梨星毛虫卵及初孵幼虫

子状，在苞内咬食叶肉，5月中下旬老熟幼虫在苞叶内结茧化蛹，6月中旬开始出现成虫。成虫多产卵于叶背，6月下旬到7月上旬孵化期，7月上旬为盛期，7月中下旬达到2~3龄后转移到树干粗皮缝中结茧越冬。

（三）防治方法

1. 清消越冬幼虫

幼虫越冬期刮除树上老树皮，以树干基部粗树皮为主，消灭其中越冬幼虫，减少虫源。

2. 诱杀幼虫

7月中下旬幼虫转移树干进入树皮缝前，树干绑草把诱集幼虫结茧越冬，集中销毁。

3. 人工摘除

5月中下旬，摘除树上形成的虫苞。消灭其中幼虫或蛹。

4. 药剂防治

喷药时间应在花芽花蕾期，选用药剂为：2.5%速灭杀丁1 500~2 000倍液，20%杀灭菊酯1 500~2 000倍液，25%灭幼脲3号2 000倍液等。开花前连喷2次。6月中下旬成虫盛发期，可喷1次2.5%高效氯氰菊酯或溴氰菊酯2 000倍液，能取得很好效果。

六、刺蛾

刺蛾的幼虫通称洋辣子、剥刺毛、毛辣虫、芘玑刮等。各梨区都有分布。幼虫体上的枝刺毒毛,可螫入皮肤致红肿,疼痛异常。是一种杂食性害虫,能为害多种果树及其他林木,刺蛾类害虫的种类很多,常见的主要有青刺蛾、褐刺蛾、扁刺蛾、黄刺蛾等。刺蛾种类虽多,其生活习性和防治方法大致相同,下面以黄刺蛾为例简述于下。

幼虫蚕食梨树及其他果树林木的叶片,初孵化时仅食叶肉,残留叶脉,被害叶片呈网状,随着虫龄的增大,叶片被吃成缺刻,严重时全叶吃尽,只留叶柄和主脉,造成树势衰弱(图9-21)。

图9-21 黄刺蛾幼虫

(一) 形态特征

成虫体长13~16mm,翅展29~36mm。头、胸部黄色,腹背黄褐色。前翅内半部黄色,外半部黄褐色,在翅顶角向内后方伸出两条暗褐色斜线呈倒"V"字形,内面一条伸到中室下角,几乎成为两部分颜色的分界线。横脉纹为一暗褐色点。后翅黄色或赭褐色（图9-22）。卵长约1mm，扁平，椭圆形，透明，初黄绿色，后变黑褐色；幼虫老熟后体长24~26mm，头小、淡褐色。胸、腹部肥大，黄绿色；体背有一大型前后宽、中间窄的紫褐色大斑。各体节上有4根枝刺，其中以胸部上的6根和臀节上的2根特大；蛹体长12mm，椭圆形，黄褐色；茧灰白色，质地坚硬，表面光滑，茧壳上有几道褐色长短不一的纵纹，形似雀蛋。

图9-22 黄刺蛾成虫

（二）发生特点

一年发生2代，以老熟幼虫在树枝上或枝杈处结茧越冬。翌年5月间化蛹，成虫于6月上中旬出现，白天静伏叶背面，夜晚活动，有趋光性。其卵产于叶背，常数十粒排列一起，半透明。第一代幼虫于6月下旬开始孵化，小时喜群栖，长大则分散，7月中下旬陆续在树上结茧。第二代幼虫在8月下旬至9月初发生，幼虫老熟后就在枝叉处或树干上结茧越冬。

（三）防治方法

1. 农业防治

秋冬季摘虫茧或敲碎树干上的虫茧，减少虫源。在低龄幼虫群栖为害时，摘除虫叶。利用成虫的趋光性进行灯光诱杀。

第九章　梨树主要病虫害的防治

2. 生物防治

充分保护和利用天敌,刺蛾的天敌有上海青蜂和黑小蜂等。有天敌的园可将越冬茧收集于铁纱笼里,网眼大小以刺蛾成虫不能飞出为宜。将纱笼挂在果园,待寄生性天敌羽化飞出后,将黄刺蛾成虫集中处理掉。

3. 药剂防治

防治关键时期是幼虫发生初期。常用药剂有25%灭幼脲三号胶悬剂500~1 000倍液或青虫菌800倍液或2.5%溴氰菊酯6 000倍液。

七、梨花蕾蛆

梨花蕾蛆又名花瘿蚊,为双翅目瘿蚊科。以幼虫为害梨花蕾,该成虫产卵于花苞中,卵孵化后,幼虫(蛆)钻入花蕾中吃花蕊,受害花蕾似灯笼状逐渐干枯变黑,花蕾不能正常开放,枯萎后脱落(图9-23)。该虫发生期较短,平均每花蕾有幼虫3~5头,花蕾受害变黑后幼虫老熟转移入土,受害花蕾不能开花授粉,严重影响开花结果,以前一些梨农误认为是花芽受冻害所致(图9-24)。近年来浙江龙游县等地发生为害较重,据调查,2005年之前很少发生,2006年在上圩头农场、湖镇及龙洲项庄一带梨园均有少量发生,梨园花为害率为10%~27%,严重梨园达68.4%。2007年上圩头农场黄花梨花蕾受害率达60.46%。严重时可使梨园局部乃至整园绝产。

(一)形态特征

成虫:形状似蚊子,腹红褐色,体长1.5mm,触角念珠状16节。前胸微隆起,具一对膜质透明前翅,褐色脉纹3条,翅具细缘毛,雌虫腹末具细长的产卵器,后胸有淡黄褐色较发达的平衡棒1对,足褐色细长。

卵:杏黄色,长纺锤形,两端渐尖,长0.5mm。

图 9-23 梨花蕾蛆幼虫为害花蕾

图 9-24 梨花受蕾蛆为害状

幼虫：乳白色，纺锤形，老熟幼虫体长 2.0mm，无头无足仅有一对淡褐色的口钩，平时缩入胸内，体缘呈波状，从背面可见体内淡褐色的内脏。

蛹：围蛹，头部两侧具有一对角状的突起，从围蛹外面可透视内部的离蛹蛹体，但不够明显。

(二) 发生规律

梨花蕾蛆在龙游县 1 年发生 1 代，以蛹在 3~10cm 深的土内越冬。第二年花芽萌动期（芽开始膨大，鳞片松动露白）为成虫羽化盛期。一般在2月中旬至3月上旬成虫开始羽化出土，不同年份羽化盛期相差大，日平均气温连续4~5天超过10℃以上，成虫大量羽化，2月上旬至3月上旬梨现蕾期为羽化盛期，成虫羽化后很快交尾产卵，卵期7~10天，3月上旬末为幼虫初孵期，3月中旬为孵化高峰期，幼虫孵化后为害花蕾10天左右，老熟幼虫掉落于树冠下即钻入土中，7~8月在土壤中化蛹越冬。

生活习性，成虫羽化时间与梨萌芽开花物候期关系密切，一般春季日平均气温连续3天10℃以上开始羽化，成虫羽化期正是梨花芽膨大变白期，此时外鳞片尚未开裂，日平均气温10℃以上连续4~5天以上达成虫羽化高峰，至此期正是花芽开绽期，早春天气回暖早气温高时羽化高峰早，气温低时羽化高峰出现迟，羽化时间都在下午2~6时，最多时一株树上有20~30只成虫，产卵时间多在晴天温暖无风的下午3~8时，产卵前雌成虫围绕树冠作曲线飞翔，然后伏在花芽上用产卵器插入花芽外鳞缝内的茸毛上产卵，每头雌蛾产卵60~90粒，分别产在3~4个花芽上，花序露出至花蕾分离期为幼虫孵化期，幼虫孵化后直接转入花蕾内蛀食，一朵花内有1~7头幼虫，平均为3头左右，花蕾受害后不能开放授粉，逐渐变黑萎蔫脱落。

影响发生轻重的因素：梨花蕾蛆只为害梨树，不为害其他树种，为害轻重与梨树品种和树龄、管理情况、地形有关。中晚熟梨（如黄花梨）为害重，早熟品种（如翠冠、新世纪）为害轻；树龄大的老梨园比树龄小的幼龄园为害严重；管理粗放及失管的园比管理好的严重；山地砂质土石块多的为害重，平原农田耕地为害轻；山地阴坡窝风地重，阳坡开阔地轻。

（三）防治方法

1. 地面喷药

越冬代成虫出蛰前（花芽萌动初期），在2月上中旬对梨园土壤进行药剂防治,在树冠下撒施3%辛硫磷颗粒剂每亩2~3kg或地面喷施50%辛硫磷乳油100~150倍液。

2. 树冠喷药

梨花芽开锭至花序露出前,成虫羽化出土前期,树冠喷施48%乐斯本乳油500倍加80%敌敌畏乳油800倍液杀灭出土成虫。梨花苞露白至初花期,幼虫初孵期选用以下药剂:2.5%氟氯氰菊酯乳油1 500倍加90%晶体敌百虫500倍液或40%毒斯碑乳油1 000倍加2.5%三氟氯氰菊酯乳油1 500倍树冠喷雾。防治成虫产卵以下午3~4时为好,重点对准花蕾顶部喷。

3. 农业防治

(1)冬季梨园深翻:梨冬季落叶后至春季萌芽前结合扩穴或施肥深翻,杀死越冬虫蛹,能显著减少越冬基数和抑制成虫出土,冬季深翻是防治梨花蕾蛆的关键措施。

(2)早春地膜覆盖:在成虫出土前,2月上中旬地面施药后,梨园地面立即覆盖反光地膜,能提高药效,阻隔成虫出土上树产卵为害,有很好的防治效果。

(3)摘除受害花蕾:梨花蕾蛆发生较轻的梨园,梨花期人工摘除受害花蕾集中消灭,减少梨花蕾蛆次年的虫口基数。

八、梨卷叶瘿蚊

梨卷叶瘿蚊属双翅目瘿蚊科。梨叶瘿蚊:以幼虫为害梨树幼嫩叶片,受害叶沿主脉向内纵卷成双筒形,随幼虫生长,卷圈数增加,叶肉组织增厚、变硬、发脆,直至变黑枯萎,脱落。叶受害初期常认为是卷叶蚜为害。近几年来浙江桐庐、龙游等地梨园暴发,为害梨树春梢叶片严重,新梢嫩叶为害卷叶率高的达70%,平均50%,严重影响来年的产量和树势(图9-25、图9-26)。

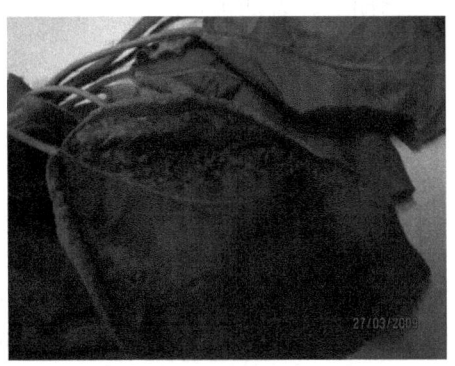

图9-25 梨卷叶瘿蚊老熟幼虫

图9-26 梨卷叶瘿蚊为害新梢

(一) 形态特征

雌成虫体长1.5~2.3mm,翅展3.8~4.5mm,头、胸部灰黑色,腹部红棕色或橘黄色。头部较小,复眼黑色,大且突出,两复眼左右相连,几乎占据了整个头部。触角念珠状,15节,柄节较粗大,梗节呈卵圆形,柄节和梗节为橙黄色,鞭节呈圆筒形,灰黑色,环生细刚毛,节间紧密相连。胸部明显的隆起。

1~2龄幼虫无色透明,随着幼虫虫龄的增加,由乳白色渐变为橘红色。

(二) 发生规律

梨叶瘿蚊一年发生3~4代,以老熟幼虫在土壤及枝干翘皮裂缝中越冬。各代成虫盛发期为3月底、5月初、5月底、6月下旬,以第二代幼虫发生量最大,为害最重。近杂树林地及低洼阴湿园发生较多。

梨卷叶瘿蚊以幼虫为害梨树幼嫩叶片,初期与梨蚜虫为害状很相似,难以区别。叶片被害有两种症状表现:心叶被害呈现葱状纵卷,从此不能展开;嫩叶受害于叶尖或叶缘,先为局部向叶中部内裹,后叶的一边或两侧向内纵卷呈筒状弯曲。叶色由嫩黄绿色变为紫红色,质硬脆,最后变黑枯死或脱落。被害严重时,树冠顶部1/3的叶掉地,留下秃枝。一般情况是成年果树春、夏梢叶片受害脱落后,在夏末长出徒长秋梢,次年不能形成结果花芽。梨苗和幼树嫩梢被害,影响了营养生长,使苗不能长成一类壮苗,延误了幼树树冠的尽早形成。

(三) 防治方法

1. 冬季深翻是关键

冬季深翻,抑制成虫出土。

2. 人工防治

春梢和夏梢生长期,发现卷叶瘿蚊为害状,发生较轻时及时剪除被害梢或卷叶集中销毁,减少虫源。

3. 化学防治

越冬代成虫出蛰前(花芽萌动初期),成虫羽化出土期在树冠下撒施3%辛硫磷粉剂或喷施50%辛硫磷100倍或48%乐斯本乳油450倍液,触杀成虫。

新梢生长期4月初及5月上、中旬喷药防治,可选用5%氟虫腈(锐劲特)1 000倍液或40%毒死蜱1 000倍液加80%敌敌畏

1 000倍液或10%"神剑"（阿维菌素加毒死蜱）1 500~2 000倍液等。

九、梨圆蚧

梨圆蚧分布我国北方，为害梨、苹果、枣、桃、李、杏等。主要寄生于果树枝干、叶片、果实的表面，刺吸汁液（图9-27、图9-28）。受害枝干生长发育受到抑制，引起早期落叶，枝条枯萎，严重时树木枯死。

图9-27 梨圆蚧为害叶

（一）形态特征

梨圆蚧雌成虫介壳圆形，隆起，灰白色或灰褐色，壳具同心轮纹，直径1.8mm左右，壳顶中央突出壳点2个；雄成虫介壳椭圆形或圆形，灰白色，长0.6~1mm，壳点1个，偏向前部中心。

（二）发生规律

梨圆蚧北方1年发生3代，以1~2龄若虫在枝条上越冬，第二年3月中旬树液流动时继续为害；6月上旬第一代若虫出现；7月下旬第二代若虫出现；9月上旬第三代若虫出现。该虫

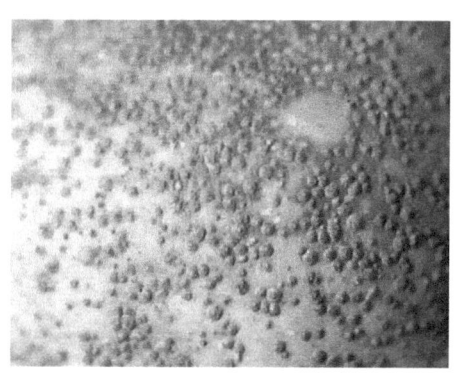

图9-28 梨圆蚧为害果

靠苗木调运、果品运输携带传播。

(三) 防治方法

1. 植物检疫

2. 农业防治

清园刮树皮消灭越冬虫源,加强果园管理,提高果树抗虫能力;减少虫口数量;果实套袋。

3. 药剂防治

要抓住果树发芽前和若虫爬行期到固定前两个关键时期,果树休眠期喷药,花芽开绽前,喷5度石硫合剂,细致周到的喷雾可收到良好效果。生长季节喷药:在越冬代成虫产卵孵化期连续喷药,发现开始产卵孵化后6~7天开始喷药,6天后再喷1次。药剂种类和浓度:20%杀灭菊酯3 000倍液,20%菊马乳油1 000~2 000倍液,10%吡虫啉可湿性粉剂3 000~4 000倍液。

4. 生物防治

保护和利用自然天敌。重要的种类有:红点唇瓢虫,肾斑唇瓢虫及跳小蜂等。

5. 物理防治

及时采取拔株、剪枝、刮树皮或刷除等措施。采用枝干涂粘虫胶或其他阻隔方法，对于草履蚧亦可采用树根附近挖坑的方法，把其消灭在树下。

十、康氏粉蚧

康氏粉蚧又名梨粉蚧、桑粉蚧，主要寄主有苹果、梨、桃、李、山楂、柑橘、石榴、板栗、柿子等，食性很杂。以若虫或雌成虫吸食嫩芽、嫩枝叶、果实汁液，入袋为害时群居在果萼洼处分泌白色絮状物。

（一）形态特征

成虫体长 3~5mm，扁平椭圆形，体粉红色，表面有白色蜡状物，体缘有 17 对白色蜡丝，蜡丝基部较粗，尖端稍细。雄成虫体为紫褐色，体长约 1mm。翅透明仅 1 对。卵椭圆形，长约 0.3mm，集中成块，外覆白色蜡粉。若虫初孵时体扁平，椭圆形，淡黄色（图 9-29、图 9-30）。

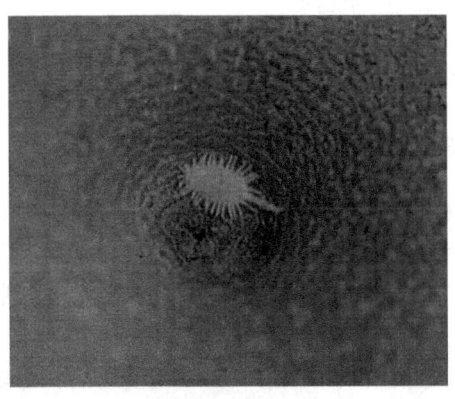

图 9-29　康氏粉蚧

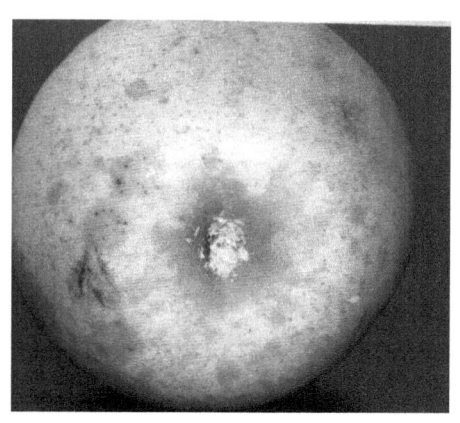

图9-30 康氏粉蚧为害果

(二) 发生规律

在山东1年发生3代,以卵在梨树枝干上的翘皮裂缝、伤口中越冬第一代5月上旬若虫孵化,6月中旬至7月上旬成虫交配产卵,第二代若虫在7月上中旬孵化,第三代若虫在8月中旬孵化,9月下旬成虫产卵越冬。

(三) 防治方法

防治方法参照梨圆蚧。

十一、梨二叉蚜

梨二叉蚜是梨树的主要害虫。各梨区都有分布,个别梨园受害严重。以成虫、幼虫群居叶片正面为害,受害叶片向正面纵向卷曲呈筒状,被蚜虫为害后的叶片大都不能再伸展开(图9-31),易脱落,减少树冠的有效叶面积,影响产量与花芽分化,削弱树势,且易招致梨木虱潜入。幼树受害后,影响树冠形成并推迟结果。

图9-31 梨二叉蚜为害状

(一) 形态特征

无翅胎生雌成蚜体长约2mm,绿、暗绿或黄褐色,常披有白色蜡粉,头部额瘤不明显,口器黑色,背中央有一条深绿色纵带。有翅胎生雌成蚜体长1.5mm左右,翅展约5mm,头胸部黑色,腹部绿,额瘤微突出,口器黑色,复眼暗红色,前翅中脉分二叉,故称二叉蚜。卵椭圆形,长约0.7mm,黑色有光泽。若蚜与无翅胎生雌蚜相似,体小,有翅若蚜胸部较大,具翅芽(图9-32)。

(二) 发生规律

梨蚜一年发生10多代,以卵在梨树芽腋或小枝裂缝中越冬,翌年梨花萌动时孵化为若蚜,群集在露白的芽上为害,展叶期集中到嫩叶正面为害并繁殖,致使叶片纵卷成筒状,到落花后半月左右开始出现有翅蚜,5~6月转移到其他寄主狗尾草上为害,到秋季9~10月产生有翅蚜由夏寄主狗尾草上返回梨树上为害,11月产生有性蚜,交尾产卵于枝条皮缝和芽腋间越冬。

图 9-32 梨二叉蚜虫态
1. 有翅雌蚜；2. 无翅胎生雌蚜；3. 被害叶

（三）防治方法

1. 农业防治

在发生数量不大的情况下，早期利用其群食性摘除被害卷叶，集中处理；铲除梨园周围的中间寄主狗尾草；老树刮皮减少虫源。

2. 生物防治

天敌有食蚜蝇、草蛉、瓢虫、蚜茧蜂等。这些天敌能有效控制蚜虫为害，在蚜虫为害不是很重时尽量不喷药或少喷药，用药要用对天敌安全的药剂。

3. 药剂防治

梨二叉蚜繁殖能力强，喷药应掌握在梨叶卷叶前，以梨树萌芽露叶时喷药最为适时。药剂可选用：10%吡虫啉2 500倍液；30%啶虫脒乳油2 500倍液；50%抗蚜威可湿性粉剂3 000倍液。

十二、梨网蝽

梨网蝽又名梨花网蝽、梨冠网蝽、梨军配虫。各梨区均有发生。除为害梨外，还为害苹果、海棠、花红、沙果、桃、李、杏等果树。若虫与成虫群食在叶片背面，被害叶正面形成苍白斑点,背面因虫所排出的斑斑点点褐色粪便和产卵时留下的蝇粪状黑点,使整个叶背面呈现出锈黄色,极易识别。受害严重时候,使叶片早期脱落,影响树势,还易造成二次开花,影响产量。

(一) 形态特征

成虫体长 3.5mm 左右,扁平、暗褐色。头小,前翅略呈长方形,前胸两侧突出部分和前翅为半透明网状,足黄褐色,腹部金黄色,上有黑色细斑纹(图 9 - 33);卵长椭圆形,一端略弯曲,上有一开口,初产淡绿色半透明,后变淡黄色;若虫体长约 2mm,共 5 龄,初孵乳白色,近透明,最后变成深褐色,头、胸、腹两侧各生刺状突起,3 龄后有明显的翅芽(图 9 - 34)。

图 9 - 33 梨网蝽(成虫)

(二) 发生规律

每年发生 4~5 代,以成虫在枯枝落叶、枝干翘皮裂缝、杂草及土、石缝中越冬。翌年 4 月上、中旬开始陆续活动,飞到寄主上取食为害。5 月中旬以后各虫态同时出现,世代重叠。以 7~8 月为害最重。成虫产卵于叶背面叶肉内,初孵若虫不甚活动,有群集性,2 龄后逐渐扩大为害活动范围。成、若虫喜群集叶背主脉附近,被害处叶面呈现黄白色斑点,叶背和下边叶面上

图 9-34 梨网蝽（卵）

常落有黑褐色带黏性的分泌物和粪便，为害至10月中、下旬以后，成虫寻找适当处所越冬。若天气长期高温干旱更有利于此虫的繁殖为害。

（三）防治方法

1. 农业防治

成虫春季出蛰活动前，彻底清除果园内及附近的杂草、枯枝落叶，集中烧毁或深埋，消灭越冬成虫。9月间树干上束草，诱集越冬成虫，清理果园时一起处理。

2. 生物防治

释放军配盲蝽防治。根据害虫的虫口密度确定释放比例，虫口密度达到每百叶100头时，按益害比为1∶52的比例投放，若达到每百叶300头时，益害比以1∶24最好。

3. 药剂防治

3月下旬至4月上旬地面撒施西维因毒土，杀灭越冬成虫；4月下旬、5月上旬及6月上旬是防治重点，可叶面喷50%敌敌畏乳油1 000倍液或50%马拉硫磷乳剂1 000~1 500倍液或20%杀灭菊酯3 000~4 000倍液。

十三、山楂叶螨

杂食性害虫,主要为害梨、苹果、桃、李等果树。各梨产区均有发生。以成虫、若虫在叶背吸食汁液。被害叶初期主脉两侧呈灰白色点,严重时成片,后转暗褐色,干燥而脆,逐渐脱落。嫩芽受害严重时焦枯死亡。

(一)形态特征

雌成虫分夏型和冬型两种。夏型朱红色,冬型略小于夏型,呈暗红色。足皆为淡黄色。雄成虫比雌虫略小,体后端尖细,绿色至黄色。前部两侧有块状的黑绿色素。卵圆球形,乳白色到橘红色。幼虫淡绿色,足3对。若虫深绿色,足4对(图9-35、图9-36)。

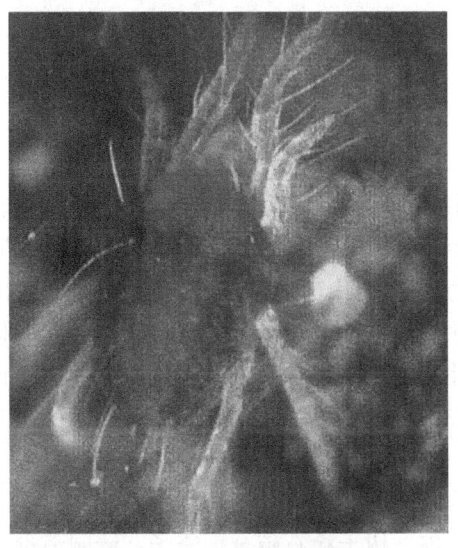

图9-35 山楂叶螨雌成虫

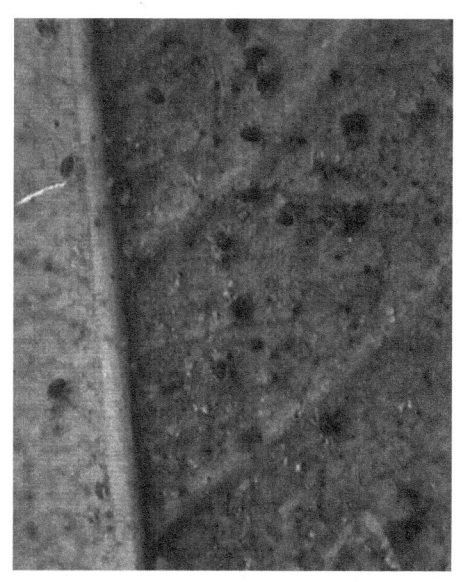

图9-36 山楂叶螨为害梨叶背的成虫和卵

(二) 发生规律

一年发生7~9代。雌成虫在树皮裂缝、落叶、根际、土隙内越冬。翌年3月芽膨大时开始活动,初花到盛花期是为害盛期,谢花期为产卵盛期。卵经8~10天孵化。5月出现第一代雌成虫,7~8月是一年中繁殖盛期。卵产于叶背主脉附近,幼虫孵出后即在叶背为害。越冬代以后各代发生不齐,世代重叠。天气干旱为害严重,9月以后陆续越冬。

(三) 防治方法

1. 农业防治

冬季刮裂皮,树干涂石硫合剂渣子,清园消毒。

2. 生物防治

保护和利用天敌,天敌有小黑瓢虫、深点食螨瓢虫、小花蜻、六点蓟马、小黑隐翅甲、肉食性螨、异色瓢虫、草蛉和粉蛉等。

3. 药剂防治

展叶后喷一次药，6月上中旬虫口密度激增时再喷药，连喷2~3次。药剂可选用：73%克螨特2 000~3 000倍液或20%螨死净胶悬剂2 000倍液或20%扫螨净可湿性粉剂3 000倍液或5%尼索朗乳剂2 000倍液或20%三唑锡胶悬剂1 500倍液。

十四、金龟子

金龟子是一种杂食性害虫。除为害梨、桃、李、葡萄、苹果、柑橘等外，还为害柳、桑、樟、女贞等林木。金龟子的种类很多，常见的有铜绿金龟子、大褐金龟子、东方金龟子、苹毛金龟子、白星金龟子等。一类是以成虫咬食叶片成网状孔洞和缺刻，严重时仅剩主脉，群集为害时更为严重，常在傍晚至晚上10时咬食最盛。如铜绿金龟子（图9-37）、大褐金龟子。另一类是白天活动为害的，主要为害芽、花及果实，严重时造成梨树不能发芽和开花。果实近成熟时咬破果皮，吃空果肉。如东方金龟子、苹毛金龟子、白星金龟子（图9-38）等。

（一）形态特征

以铜绿金龟子为例：成虫体长18~21mm，宽8~10mm。背面铜绿色，有光泽，前胸背板两侧为黄色。鞘翅有栗色反光，并有3条纵纹突起。雄虫腹面深棕褐色，雌虫腹面为淡黄褐色。卵为圆形，乳白色。幼虫称蛴螬，乳白色，体肥，并向腹面弯成"C"形，有胸足3对，头部为褐色。

（二）发生规律

1年1代。以幼虫在土壤内越冬。翌年5月上旬成虫出现，5月下旬达到高峰。黄昏时上树为害，半夜后即陆续离去，潜入草丛或松土中，并在土壤中产卵。成虫有群集性、假死性、趋光

图9-37 铜绿金龟子成虫

图9-38 梨白星金龟子

性,闷热无风的夜晚为害最烈。白星金龟子在6月成虫出土,先期在其他果树的果实上为害,待梨果实近成熟时再迁往梨园为害。

(三) 防治方法

1. 农业防治

利用假死习性，于夜晚树下垫薄膜，摇树震捕。有条件的地方可用黑光灯诱杀。还可用糖醋液诱杀。用红糖1份、酒1份、醋2份、水8份加少量敌百虫，制成糖醋液，将糖醋液分装在废罐头瓶等容器里，于傍晚挂于树上或果树行间，进行诱杀，白天加盖，以防蒸发。

2. 生物防治

主要是通过合理施用农药，减少喷药次数，保护和利用自然天敌。

3. 药剂防治

药剂处理土壤。4月上旬于金龟子出土盛期用乐斯本或辛硫磷200倍液喷施或制成毒土，撒施树盘土壤，能杀死大量出土成虫；成虫发生期喷50%辛硫磷乳剂1 000倍液或50%马拉硫磷1 000倍液或90%晶体敌百虫800倍液。

第四节 梨树鸟害及生理性病害的防治

一、鸟害

1. 为害状

近几年来由于人类采取各种措施并制定法规对鸟类进行保护，鸟类种群的数目迅速增加。果园中水果天然的香甜气息对鸟类的诱惑力非常大，尤其是苹果、梨、葡萄、樱桃等，很容易遭到鸟类侵袭。由于生态环境的改善，鸟类对梨果实的为害已成为一个重大的问题，鸟类主要为害近成熟的果实，对梨生产造成较大损失（图9-39、图9-40）。

图 9-39 鸟害梨果

图 9-40 鸟害严重果

2. 防治方法

（1）果实套袋。对新建的梨园防鸟效果较明显。果实套袋是最简便的防鸟害方法。但灰喜鹊、乌鸦等大型鸟类，常能啄破纸袋啄食果实。因此，一定要用质量好，坚韧性强的纸袋。在鸟类较多的地区可用尼龙丝网袋进行套袋，不仅可以防止鸟害，而且不影响果实上色。相对成本较高。

（2）架设防鸟网。以往的果实套袋和挂放光镜等措施效果

第九章 梨树主要病虫害的防治

明显下降,若要彻底解决鸟害问题,则只能设置保护网。用不同规格的防护网将梨园周围罩起来,果实采收后去掉,成本较高。防鸟网防鸟效果最好,且适用范围广泛。但每年架设和拆卸防鸟网极大浪费人力,相对成本很高。

(3)驱鸟剂应用。驱鸟剂种类较多,通过喷雾或挂瓶的方法,选择正规厂家生产的驱鸟剂进行合理应用,有较好的效果。

(4)改进栽培方式。在鸟害常发区,适当多保留叶片,并注意果园周围卫生状况,也能明显减轻鸟害发生。挂彩色放光线:国外应用较多,利用彩色反光趋避鸟类,有一定的效果。

(5)使用驱鸟器。目前国内比较有效的驱鸟方法是语音驱鸟。语音驱鸟器基于仿生学原理,内部集成了各种鸟类天敌觅食或同类鸟儿受到惊吓、报警的声音,从而达到吓走鸟儿的目的。由国家农业信息化工程技术研究中心研制的"绿园"智能语音驱鸟器对灰喜鹊、麻雀、八哥、白头翁、山雀等国内常见鸟类驱赶效果非常好,而且操作简单,性价比高,正确使用可减少至少70%的损失。语音驱鸟器配合频振式杀虫灯,能最大限度地减少鸟害的发生,打造环保绿色生态果园。

二、日灼病

梨日灼病在梨叶、梨果上均可为害。又叫日烧病,北方果树均可发生此病,干旱年份发病较重。梨树病叶率一般在5%~15%,严重的高达30%左右。日灼病是夏季高温强光引起的一种生理性病害。一般认为是由于高温干燥引起叶片脱水而发生的干燥性病害,与叶片气孔机能钝化导致水分过度蒸发有关。土壤中水分的急剧变动,梅雨期后高温多日照,树势强弱,对梨树日灼病有影响;施氮、钾多的也容易引发该病。

1. 症状

在梨果上表现为日灼初期果实表皮呈黄白色,圆形或不规则形，后渐变褐色坏死斑块，果皮木栓化，果肉正常，但易导致畸形果、烂果和落果（图9-41）。梨叶上表现为局部褐色，并扩展蔓延到全叶，引起早期落叶（图9-42）。发生部位主要在短果枝、中长果枝，新梢及徒长枝的基部或叶上。

图9-41　梨日灼果

图9-42　日灼病为害梨树叶

2. 防治方法

果园在干旱时及时浇水，因地制宜采取微灌、沟灌、浇灌等方法，以调节果园土壤水分和小气候，满足梨树水分需求。

控制使用氮肥、钾肥，适当控制结果量。

参考文献

高正辉. 2015. 梨优质高效栽培新技术 [M]. 合肥：安徽科学技术出版社.

华南农学院. 1981. 果树栽培学各论 [M]. 北京：农业出版社.

刘国杰. 2010. 园艺植物栽培学总论 [M]. 北京：中国广播电视大学出版社.

邱强. 1993. 原色梨树病虫图谱 [M]. 北京：中国科技出版社.

施泽彬，孙均. 2014. 梨全程标准化操作手册 [M]. 杭州：浙江科技出版社.

石英. 2014. 农产品质量安全 [M]. 北京：中国农业大学网络教育学院.

苏艳丽. 2015. 梨高效栽培10项关键技术 [M]. 北京：金盾出版社.

王继灿. 2007. 梨树栽培 [M]. 北京：中国农业科学技术出版社.

魏东晨. 2014. 果树栽培与病虫防治实用技术 [M]. 北京：中国农业科学技术出版社.

于新刚. 2014. 梨树简化省工栽培技术 [M]. 北京：化学工业出版社.

张绍铃. 2010. 梨产业技术研究与应用（2010）[M]. 北京：中国农业出版社.

钟世鹏. 2011. 梨高效栽培技术 [M]. 北京：中国农业科学技术出版社.

附录一 梨园周年栽培管理农事历

附表 梨园周年栽培管理农事历

时间	物候期	主要农事及技术要点
12月至翌年2月	休眠期	①冬季修剪：幼树做好三大主枝的培养；成年树做好整形修剪，以利通风透光、平衡生长与结果，适当疏除多余的花芽，在雨水前完成。②清洁果园：清理修剪下来的枝条和枯枝落叶，刮树皮除病斑，用402抗生素50倍涂伤口，减少病虫源。③高接换种：少花年份高接花枝，既可提高当年产量，又可更新品种结构。④药剂清园：萌芽前喷5度石硫合剂，消灭越冬病虫源。
3月	花芽膨大、叶芽萌发	①芽前复剪：大年结果树疏蕾，调节花量，节约养分。②施花前肥：施肥量为初果树施复合肥100~250g，成年树施复合肥500~1 000g。③高接换种：调整品种结构，少花年份高接花枝，提高结果量。④土壤管理：松土除草，清沟排水，春旱灌水，果园覆盖稻草或地膜。⑤病虫防治：防治梨木虱、花蕾蛆及梨轮纹病等病害。
4月	展叶开花、幼果着生、新梢生长	①保花保果：人工授粉、果园放蜂、高插花枝、喷0.3%硼砂水溶液。②疏花果：4月下旬开始疏，大果形品种每花序留1个果，果距离15~20cm，中小果形品种每花序留1~2果，果间距10~15cm。③防治病虫害：花序分离开花前喷40%腈菌唑可湿性粉剂8 000倍液防治黑星病、黑斑病；花谢2/3时开始喷15%三唑酮可湿性粉剂1 200倍液防治梨锈病；展叶期用1.8%阿维菌素2 000倍液加10%吡虫啉2 500倍液防治梨木虱、蚜虫；40%毒死蜱1 000倍液加2.5%氟氯氰菊酯乳油1 500倍防治梨叶瘿蚊、梨茎蜂、梨花蕾蛆。
5月	新梢生长、果实膨大	①疏果套袋：在4月下旬至5月下旬进行。②防治病虫：5月中下旬用70%甲基托布津1 000倍液或40%杜邦福星8 000倍液或80%大生可湿性粉剂800倍液防治黑星病、黑斑病；用1.8%阿维菌素2 000倍液加10%吡虫啉2 500倍液防治梨木虱。③做好开沟排水，加强夏季修剪，幼龄树培养骨架枝。

附录一 梨园周年栽培管理农事历

（续表）

时间	物候期	主要农事及技术要点
6月	新梢继续生长，果实迅速膨大	①病虫防治：黑星病、黑斑病、梨小食心虫、梨网蝽、金龟子等。选用2.5%烯唑醇可湿性粉剂3 000倍液防病，2.5%氟氯氰菊酯乳油1 500倍液、50%敌敌畏乳油1 000倍液或90%晶体敌百虫800倍液等药剂。②施壮果肥：成年结果树追施0.5~1kg复合肥。③开沟排水：做好梅雨季节开沟排水和夏季树冠管理。
7月	果实继续膨大期，早熟品种成熟采收	①防治梨黑星病、红蜘蛛、梨小食心虫、黑斑病、梨木虱、蚧壳虫、轮纹病等病虫害。药剂用80%大生可湿性粉剂600倍、15%哒螨灵乳油1 500倍液、1.8%阿维菌素1 500~2 000倍液、52.25%氯氰毒斯碑乳油2 000~3 000倍液。果园内设黑光灯或挂糖醋罐诱杀吸果夜蛾、梨小食心虫成虫。②覆盖抗旱：高温来临进行地面覆盖，做好灌溉抗旱工作。③果实采收：早熟品种及时采收，施采果肥恢复树势。
8月	果实发育（中晚熟品种）和成熟期，花芽分化	①适时采收：做好防台抗台工作，台风来临前抓紧成熟果实的采收。②抗旱灌水和果园覆盖降温工作。③防治梨黑星病、食心虫、轮纹病、梨木虱、蚧壳虫、梨网蝽等病虫，药剂同前，轮换使用。④继续做好幼树的拉枝整形工作。
9月	果实成熟期、枝条充实、营养积累、花芽分化后期	①果实采收：继续做好晚熟品种的采收、贮藏、销售工作。②加强后期黑斑病、轮纹病、红蜘蛛、梨木虱、刺蛾、梨网蝽等防治。③施采果肥：成年结果树采后补施一次追肥，株施1kg复合肥。④叶面追肥：防止提前落叶，适当调控水分，保证叶片正常生长，防止秋季开花。
10月	枝条充实、叶色转变期	①施基肥：亩施有机肥3 000kg，深翻埋草、腐熟有机肥，改良土壤。播种绿肥，如紫云英、豌豆、苜蓿等。②保秋叶：防止提前落叶，视旱情及时秋灌水。③防病虫：防治早期斑点落叶病等病虫。④新梨园开发准备：做好园地规划、施肥整地、苗木准备。
11月	生长转换期、落叶期	①清园。清除树上树下病枝病果和枯枝落叶，刮除轮纹病、腐烂病斑、老翘皮，集中烧毁。涂843康复剂或福美胂50倍液。②肥水管理：冬季施肥，增施有机肥，深翻改土，北方封冻前灌一次透水。③树干涂白：涂白剂配方为水：生石灰：食盐：硫黄：动物油=20：6：1.5：1：0.6。

· 243 ·

附录二 梨树常用农药的配制方法

一、石硫合剂

石硫合剂是石灰硫黄合剂的简称,化学名称为多硫化钙,是一种棕褐色液体,有硫黄臭味,具有腐蚀作用,可软化窒息害虫,又有杀菌作用。

配制方法:生石灰1份、硫黄粉2份、水10份。先将水放铁锅内煮到半开,将石灰放入热水中搅拌,溶化后取出一些石灰水将硫黄粉调成糊状,等石灰水将要煮开时把硫黄糊倒入锅内,边倒边搅,全部倒完后标定水面高度,再加热煮沸,并不断搅拌,并随时用热水补充蒸发掉的水分,旺火煎熬30~45分钟,等药液呈现酱油色、透明、液面泛出绿色泡沫时为止,取出过滤得到石硫合剂原液,冷却后用波美比重计测定药液浓度后装入容器内即得石硫合剂原液。

使用方法:通常只作喷雾用,施药浓度根据梨树生长情况和气候而定,波美0.1~0.2度可防治苗木的白粉病;0.2~0.3度可防治红蜘蛛;0.5度可防治梨黑星病;1度初春可防治梨黑星病和白粉病;4~5度在冬末和早春芽前使用可防治梨黑星病、白粉病、轮纹病、炭疽病及梨园蚧壳虫等。用原液对刮治后的腐烂病伤口进行消毒亦有良好的效果。

注意事项如下。

配制用的石灰质量要好,含杂质多或已风化的石灰不宜使用。块状硫黄先磨成粉,细度通过40号筛目。

附录二　梨树常用农药的配制方法

原液存放必须密封，在小口缸上滴一滴煤油或柴油，隔绝空气严密封口。

煎熬和贮存过程中都不要和铜质器具接触。

夏季32℃以上和冬季 -4℃以下不使用。夏季炎热的中午避免喷药。

不可与波尔多液、松脂合剂、肥皂液等混合使用。与波尔多液交替使用时需隔2～3周，否则易引起药害。

二、波尔多液

波尔多液是由硫酸铜溶液和石灰乳按一定比例配制而成的天蓝色胶状悬浮液，一种具有广泛预防保护作用并兼有一定杀菌效果的保护性杀菌剂，不同的果树种类要求不同的配比，梨树主要是用石灰倍量式波尔多液。即硫酸铜、石灰和水按1∶2∶100的比例配制。

优良的波尔多液呈胶体悬液状，波尔多液的质量与配制方法有密切关系。配制顺序是先将充分溶解的稀硫酸铜溶液注入石灰乳中，使反应在碱性介质中进行。具体配制方法是用1/10的水配制石灰乳，9/10的水配硫酸铜液，然后把硫酸铜液慢慢倒入石灰乳中，边倒边搅拌，或者两种药液同时倒入第三桶中，边倒边搅，绝不可将石灰乳倒入硫酸铜液中，不然会造成沉淀，降低药效，同时使用后也容易产生药害。

使用范围：波尔多液是良好的植物保护性杀菌剂，在发病前或发病初期喷洒，药效最好，这种药可直接喷洒，药效可维持15天左右，适时喷药可抑制多种病害，在春季萌芽前喷0.6%～0.7%石灰倍量式波尔多液可防治梨黑星病，炭疽病和轮纹病。

注意事项如下。

硫酸铜应选用青蓝色有光泽结晶，绿色粉状的硫酸铜含有杂质，不宜使用。石灰应选用白色块状的生石灰。

不可用金属容器配制，最好用塑料桶或木桶。配制药液时的温度不可高于室内温度。

该药极不稳定，应随配随用。避免阴天或露水过多的时候喷药，喷药后如遇大雨天晴后一定要重喷。

不可与松碱合剂、石硫合剂以及遇弱碱易分解的药剂混用。果实采收前半个月不可使用。

三、涂白剂

涂白剂主要用于保护树干，防止日灼和冻害，并有一定的杀菌和治虫作用。

配比：生石 5kg、硫黄粉 0.25kg、食盐 0.1kg、动物油 0.1kg、水适量（15kg 左右），调成糊状液为准。

配制方法：先用少量水把石灰化开与硫黄粉拌匀，另将食盐用热水化开，再加入动物油和其余水充分搅拌即成。

注意事项：涂刷树干时，先把翘裂的老树皮刮去，然后用草把刷涂刷，将大枝及树干 130cm 以下部分均匀刷白。涂白剂要随配随用，不可存放。

附录三 梨园常用农药使用浓度及安全间隔期

附表 梨园常用农药使用浓度及安全间隔期

农药名称	防治对象	剂型与使用浓度	年最多使用次数	安全间隔期（天）	MRL值（mg/kg）
石硫合剂	芽前清园，所有病害	45%晶体21~30倍液	3	30	—
三唑酮	梨锈病、黑星病	15%可湿粉1 000~1 500倍液	2	21	0.5
烯唑醇	梨锈病、白粉、黑星病	12.5%可湿粉3 000~4 000倍液	3	21	0.1
腈菌唑	黑星病	40%可湿粉8 000~10 000倍液	3	7	0.5
苯醚甲环唑	轮纹病、锈病、炭疽病	10%水分散剂3 000~4 000倍液	3	14	0.5
代森锰锌	斑点落叶病、轮纹病	80%可湿粉800倍液	3	10	5
多菌灵	褐斑病	25%可湿粉2 500~3 000倍液	3	28	3.0
吡虫啉	梨木虱、黄粉蚜	10%可湿粉2 000~3 000倍液	2	14	0.5
阿维菌素	梨木虱、螨类、蚜虫	1.8%乳油3 000~4 000倍液	3	14	0.02
毒死蜱	食心虫	48%乳油1 000~2 000倍液	1	28	1
高效氯氰菊酯	食心虫、蚜虫	5%乳油4 000~5 000倍液	3	7	2.0
氟氯氰菊酯	食心虫、卷叶蛾、夜蛾	5.7%乳油2 000~3 000倍液	3	21	0.1
辛硫磷	螨类、果蝇、蓑蛾	40%乳油1 000~2 000倍液	4	7	0.05
哒螨灵	螨类	15%乳油2 000~4 000倍液	1	5	2.0
扑虱灵	蚧壳虫、梨木虱等	25%可湿性粉1 500~2 000倍液	2	35	0.3
百菌清	斑点落叶、轮纹病	75%粉剂600~800倍喷雾	3	7	5
啶虫脒	蚜虫	20%乳油2 000~2 500倍液	1	30	0.5
灭幼脲3号	梨大、梨小、蜡蝉等	25%悬浮剂1 000~2 000倍液	2	15	—
多氧霉素	斑点落叶	10%可湿性剂1 000~1 500倍液	—	15	
菌毒清	梨腐烂病、枝干轮纹病	5%水剂40倍液涂抹，100倍液喷	—	—	—
843康复剂	干枯腐烂	5~10倍液涂抹	—	—	—

附录四 中华人民共和国农业行业标准

无公害食品 梨生产技术规程
NY/T 5102—2002

1 范围

本标准规定了无公害食品梨的园地选择与规划、品种和砧木选择、栽植、土肥水管理、整形修剪、花果管理、病虫害防治和果实采收。

本标准适用于无公害食品梨的生产。

2 规范性引用文件

下列文件中的条款通过本标准的引用而成为本标准的条款。凡是注日期的引用文件，其随后所有的修订单（不包括勘误内容）或修订版均不适用于本标准，然而，鼓励本标准达成协议的各方研究可否使用这些文件的最新版本。凡是不注日期的引用文件，其最新版本均适用于本标准。

NY/T 442—2001 梨生产技术规程

NY/T 496—2002 肥料合理使用准则 通则

NY/T 5101 无公害食品 梨产地环境条件

3 园地选择与规划

3.1 园地选择

园地的环境条件应符和 NY 5101 的要求，其余按 NY/T 442—2001 中的 3.1 规定执行。

3.2 园地规划

按 NY/T 442 中的 3.2 规定执行。

4 品种和砧木选择

按 NY/T 442—2001 中第 4 章规定执行。

5 栽植

按 NY/T 442—2001 中 5.1~5.6 规定执行。

6 土肥水管理

6.1 土壤管理

6.1.1 深翻改土

分为扩穴深翻和全园深翻。扩穴深翻结合秋施基肥进行，在定植穴（沟）外挖环状沟或平衡沟，沟宽 80~100cm。土壤回填时混以有机肥，表土放在底层，底土放在上层，然后充分灌水，使根土密接。

6.1.2 中耕

清耕制果园及生草制果园的树盘在生长季降雨或灌水后，及时中耕除草，保持土壤疏松。中耕深 5~10cm，以利调温保墒。

6.1.3 树盘覆盖和埋草

覆盖材料可选用麦秸、麦糠、玉米秸、稻草及田间杂草等，覆盖厚度 10~15cm，上面零星压土。连覆 3~4 年后结合秋施基肥浅翻一次；也可结合深翻开大沟埋草，提高土壤肥力和蓄水能力。

6.1.4 种植绿肥和行间生草

按 NY/T 442—2002 中 6.1.2 规定执行。

6.2 施肥

6.2.1 施肥原则

按照 NY/T 496—2001 的规定执行。所施用的肥料不对果园环境和果实品质产生不良影响，是农业行政主管部门登记或免予登记的肥料。

6.2.2 允许使用的肥料种类

6.2.2.1 有机肥料。包括堆肥、沤肥、厩肥、沼气肥、绿肥、作物秸秆肥、泥炭肥、饼肥、腐殖酸类肥、人畜废弃物加工而成的肥料等。

6.2.2.2 微生物肥料。包括微生物制剂和微生物处理肥料等。

6.2.2.3 化肥。包括氮肥、磷肥、钾肥、硫肥、钙肥、镁肥及复合（混）肥等。

6.2.2.4 叶面肥。包括大量元素类、微量元素类、氨基酸类、腐殖酸类肥料。

6.2.3 限制使用的肥料

含氯化肥和含氯复合（混）肥。

6.2.4 施肥方法和数量

6.2.4.1 基肥。秋季施入，以农家肥为主，可混加少量氮素化肥。施肥量，初果期树按每生产1kg梨施1.5~2.0kg优质农家肥计算；盛果期梨园每亩施3 000kg以上。施用方法采用沟施，挖放射状沟或在树冠外围环状沟，沟深40~60cm。

6.2.4.2 追肥。

6.2.4.2.1 土壤追肥。第一次萌芽前后，以氮肥为主；第二次在花芽分化及果实膨大期，以磷钾肥为主，氮磷钾混合使用；第三次在果实生长后期，以钾肥为主。其余时间根据具体情况进行施肥。施肥量根据当地的土壤条件和施肥特点确定。施肥方法是树下开环状沟或放射状沟。沟深15~20cm，追肥后及时灌水。

6.2.4.2.2 叶面喷肥。全年4~5次，一般生长前期2次，以氮肥为主；后期2~3次，以磷钾肥为主，也可根据树体情况喷施果树生长发育所需的微量元素。常用肥料浓度为尿素0.2%~0.3%，磷酸二氢钾0.2%~0.3%，硼砂0.1%~0.3%。叶面喷肥宜避开高温时间。

6.3 水分管理

灌溉水的质量应附合 NY 5101 中的规定。其余按 NY/T 442—2001 中 6.3 规定执行。

7 整形修剪

按 NY/T 442—2001 中 7.1～7.2 规定执行。加强生长季节修剪，及时拉枝开角等，以增加树冠内通风透光度。剪除病虫枝，清除病僵果。

8 花果管理

按 NY/T 442—2001 中第 8 章规定执行。

9 病虫害防治

9.1 防治原则

以农业防治和物理防治为基础，提倡生物防治，按照病虫害的发生规律和经济阈值，科学使用化学防治技术，有效控制病虫为害。

9.2 农业防治

栽植优质无病毒苗木；通过加强肥水管理、合理控制负载等措施保持树势健壮，提高抗病力，合理修剪；保证树体通风透光，恶化病虫生长环境；清除枯枝落叶，刮除树干老翘裂皮，翻树盘，剪除病虫枝果，减少病虫源，降低病虫基数；不与苹果、桃等其他果树混栽，以防止病虫害的上升为害；梨园周围 5km 范围内不栽植桧柏，以防止锈病流行等。

9.3 物理防治

根据害虫生物学特性，采取糖醋液、树干缠草绳和诱虫灯等方法诱杀害虫。

9.4 生物防治

人工释放赤眼蜂。助迁和保护瓢虫、草蛉、捕食螨等昆虫天敌。应用有益微生物及其代谢产物防治病虫。利用昆虫性外激素诱杀或干扰成虫交配。

9.5 化学防治

9.5.1 药剂使用原则

9.5.1.1 禁止使用剧毒、高毒、高残留农药和致畸、致癌、致突变农药（附录A）。

9.5.1.2 提倡使用生物源农药和矿物源农药。

9.5.1.3 提倡使用新型高效、低毒、低残留农药。

9.5.2 科学合理使用农药

9.5.2.1 加强病虫害的预测预报，有针对性地适时用药，未达到防治指标或益虫与害虫比例合理的情况下不使用农药。

9.5.2.2 根据天敌发生特点，合理选择农药种类、施用时间和施用方法，保护天敌。

9.5.2.3 注意不同作用机理农药的交替使用和合理混用，以延缓病菌和害虫产生抗药性，提高防治效果。

9.5.2.4 严格按照规定的浓度、每年使用次数和安全间隔期要求施用，施药均匀周到。

9.5.2.5 推荐使用附录B中列出的化学农药。

9.6 主要病虫害

9.6.1 主要病害

包括梨黑星病、腐烂病、干腐病、轮纹病、黑斑病、锈病和褐斑病。

9.6.2 主要害虫

包括梨木虱、蚜虫类、叶螨、食心虫类、卷叶虫类和蜡象。

9.7 防治规程

参见附录C。

10 果实采收

根据果实成熟度、用途和市场需求综合确定采收适期。成熟期不一致的品种，应分期采收。采收时应注意轻拿轻放，避免机械损伤。

附录 A（规范性附录） 禁止使用的农药

包括滴滴涕、六六六、杀虫脒、甲胺磷、对硫磷、甲基对硫磷、久效磷、磷胺、甲拌磷、氧乐果、水胺硫磷、特丁硫磷、甲基硫环磷、治螟磷、甲基异柳磷、内吸磷、克百威、涕灭威、灭多威、汞制剂、砷类等。其他国家规定禁止使用的农药，从其规定。

附录 B（规范性附录） 推荐使用的化学药剂及使用准则

附表 1 杀虫杀螨剂使用准则

农药名称	每年最多使用次数	安全间隔期（天）
吡虫啉	—	—
毒死蜱	—	—
氯氟氰菊酯	2	21
氯氰菊酯	3	21
氰戊菊酯	3	14
辛硫磷	4	7
双甲脒	3	20

注：所有农药的使用方法及使用浓度均按国家规定执行

附表 2 杀菌剂使用准则

农药名称	每年最多使用次数	安全间隔期（天）
烯唑醇	3	21
氯苯嘧啶醇	3	14
氟硅唑	2	21
亚胺唑	3	28
代森锰锌、乙膦铝	3	10
代森锌	—	—

注：所有农药的使用方法及使用浓度均按国家规定执行

附录 C（资料性附录）病虫害防治规程

1　落叶至萌芽前

1.1　重点防治腐烂病、干腐病、枝干轮纹病和叶螨

1.2　清除枯枝落叶

结合冬剪,剪除病虫枝梢、病僵果,翻树盘及刮除老粗翘皮、病瘤、病斑等,集中深埋或烧毁。

1.3　树体喷布一次 3~5 波美度石硫合剂

2　萌芽至开花前

2.1　重点防治黑星病、腐烂病、枝干轮纹病、黑斑病、梨木虱、叶螨和蚜虫类

2.2　刮除病斑和病瘤

2.3　喷布氟硅唑混加吡虫啉

3　落花后至幼果套袋前

3.1　重点防治黑星病、果实轮纹病、锈病、黑斑病、梨木虱、叶螨和蚜虫类

3.2　喷布烯唑醇,或氟硅唑,或亚胺唑,或代森锰锌防治锈病、黑星病和果实轮纹病

3.3　梨木虱第一代若虫发生期,尚未分泌黏液前,喷施阿维菌素、吡虫磷或甲氰菊酯,混加多菌灵防治梨黑斑病

3.4　蚜虫和叶螨的防治可喷施吡虫灵或双甲脒

4　果实膨大期

4.1　重点防治黑星病、轮纹病、黑斑病、梨木虱和食心虫

4.2　防治黑星病和轮纹病使用的药剂同 3.2

4.3　混合使用拟除虫菊脂类农药和有机磷农药防治食心虫和梨木虱,以扩大防治对象,提高防治效果

4.4　进入雨季,交替使用倍量式波尔多液(1∶2∶200)或内吸性杀菌剂,防治果实和叶子病害,15 天左右喷 1 次

5　果实采收前后

5.1　重点防治轮纹病、炭疽病、黑星病和食心虫

5.2 喷施氟硅唑或多菌灵,混加拟除虫草菊酯类农药
5.3 采收前20天喷一次代森锰锌,防治果实病害
5.4 落叶后,清扫落叶、病虫果,集中烧毁或深埋

附录五 黄花梨生产技术规程

DB33/T 271—2015

1 范围

本标准规定了黄花梨生产技术规程的术语和定义、苗木培育、园地营建、土肥水管理、整形修剪、花果管理、主要病虫害防治、采收与贮运等技术要求。

本标准适用于黄花梨的生产。

2 规范性引用文件

下列文件对于本文件的应用是必不可少的。凡是注日期的引用文件，仅所注日期的版本适用于本文件。凡是不注日期的引用文件，其最新版本（包括所有的修改单）适用于本文件。

GB 4285 农药安全使用标准

GB/T 6543 运输包装用单瓦楞纸箱和双瓦楞纸箱

GB/T 8321 （所有部分）农药合理使用准则

GB 15569 农业植物调运检疫规程

NY/T 1276 农药安全使用规范 总则

NY 5013 无公害食品 林果类产品产地环境条件

3 术语和定义

下列术语和定义适用本标准。

3.1 苗粗

距嫁接口以上5cm处的苗木主干直径。

3.2 苗高

苗木根茎部以上的高度。

4 苗木培育

4.1 苗地选择

选择交通方便、避风向阳、水源充足和排灌良好的平地或缓坡丘陵山地。

4.2 苗地整理

播种或移植前15天施腐熟厩肥75 000kg/hm² 和3%毒死蜱颗粒剂 30~60kg/hm²，进行土壤翻耕整地。畦面宽：120~150cm，畦沟宽×深：（25~30）cm×25cm，围沟宽×深：30cm×30cm。

4.3 砧木苗培育

4.3.1 种子选择

砧木选择杜梨或豆梨；种子新鲜、饱满、有光泽。

4.3.2 播种

播种时间：秋播11月中旬；春播沙藏后3月上旬。播种量为7.5~12.0kg/hm²，撒播后覆盖焦泥灰或细土，盖薄膜小拱棚。

4.3.3 移植

当苗长至4~5片真叶时，选择阴天或傍晚起苗移植。行距×株距：（25~30）cm×15cm。

4.4 嫁接苗培育

4.4.1 嫁接时间

秋季芽接9月底至10月中旬；春季枝接2月上旬至2月下旬。

4.4.2 接后管理

秋接苗次年3月上旬剪砧。3月下旬至4月上旬解除包扎薄膜带，留1个健壮枝梢作为主干培育。新梢抽发前和新叶转绿期各施肥一次，每次施商品有机肥7 500kg/hm² 或尿素150kg/hm² 并加水100倍浇施。

4.5 苗木出圃

4.5.1 质量等级要求

苗木接穗取自采穗圃,苗木的质量等级要求见附表1。

附表1 苗木的质量等级要求

项目	指标	
	一级	二级
苗粗（cm）	≥0.8	≥0.6
苗高（cm）	≥80	≥60
整形带内壮芽数（个）	≥5	≥4
侧根长度（cm）	≥20、根系发达	≥15、根系较发达
检疫性病虫害	无	无

4.5.2 出圃苗木要求

苗木嫁接口愈合良好,质量达到一、二级质量标准的苗木方可出圃。

5 园地营建

5.1 园地选择

5.1.1 总体要求

园地应选择土层深厚,土壤疏松肥沃,土壤 pH 值 5.5~7.5,地下水位 0.5m 以下,山地坡度 25°以下,排灌水条件良好,周围无污染源的地块。

5.1.2 土壤

土壤环境质量应符合 NY 5013 的规定。

5.1.3 灌溉水

园地灌溉水质应符合 NY 5013 的规定。

5.1.4 环境空气

产地环境空气质量应符合 NY 5013 的规定。

5.2 园地规划与整地

5.2.1 园地规划

做好果园小区、道路、防护林、给排灌系统、生态循环系统、生产生活用房、分级包装贮藏、农资工具仓库等设施规划。

5.2.2 整地

丘陵山地坡度在15°以上时宜修筑水平梯田，采取阶梯式整地方式。

5.3 栽植

5.3.1 栽植时间

落叶后至萌芽前种植，即11月中旬至翌年2月下旬，以冬季种植为宜。

5.3.2 栽植密度

缓坡地行距×株距：（3~4）m×（2~3）m；平地行距×株距：（4~5）m×（3~4）m为宜。

5.3.3 栽植方法

5.3.3.1 品种配置

选择花期基本一致、能相互授粉、抗病虫能力强、品质好、产量高的品种，如翠冠；主栽品种与授粉品种按（3~4）:1的比例配植。

5.3.3.2 挖定植穴

以穴宽1m，深0.8m为宜，分层填埋有机肥；定植点上用表土或其他肥土加入0.5kg钙镁磷肥高出地面20~30cm做定植墩。

5.3.3.3 栽种

先在定植墩中心挖一个小穴，再把苗木垂直放在小穴内，将根系自然展开，然后用细土填入根间，使苗木嫁接口略高出土面，栽种后及时浇水并定干。

5.4 定干高度

常规栽培定干高度60~70cm；棚架栽培定干高度80~90cm。

6 土肥水管理

6.1 土壤管理

6.1.1 深翻改土

6.1.1.1 改土位置

在株间或定植沟两边开始深翻,两个方向隔年轮换进行深翻改土。

6.1.1.2 改土深度

平地缓坡挖深 15～30cm,丘陵山地挖深 20～30cm,长度和宽度视梯面及栽培密度而定。

6.1.1.3 改土时间

以 9 月下旬至 10 月下旬为宜。

6.1.1.4 改土材料

秸秆、绿肥、农家肥或商品有机肥。

6.1.1.5 改土方法

挖穴改土,先挖改土沟,开沟时将表土、生土分开堆放,然后分层放置改土材料,先填表土后填生土,再施有机肥,一层肥料一层表土,分 2～3 层填回,使土壤高出畦面 15～20cm。

6.1.1.6 技术要求

改土沟与定植沟或穴之间不留隔墙;直径大于 1cm 的粗根要尽量保护,粗根伤口应及时剪平;酸性较强的红壤梨园改土时需施石灰;改土后遇土壤干旱时宜灌水一次;幼龄树每年轮换深翻,成龄树每隔 2 年深翻一次。

6.1.2 园地中耕

时间:2 月中旬至 3 月中下旬;深度:5～10cm。

6.2 施肥

6.2.1 施肥时期

幼龄树在 3～8 月中旬追肥,每月施一次 1.0%～1.5% 尿素等速效肥,11 月上旬施越冬肥。结果树一年施肥 2～3 次,即花前肥、壮果肥和采后肥。

6.2.2 施肥量

氮、磷、钾比例为10∶6∶8，其中有机肥占40%~50%，具体施肥量视产量与土壤肥力而定。成年梨结果树各次施肥量见附表2。

附表2 成年结果梨树各次施肥量

施肥类型	施肥时期	肥料种类	数量（kg/hm²）
追肥	花前肥（1月中旬至2月上旬）	复合肥（含氮、磷、钾各15%）	300
	壮果肥（5月下旬至6月下旬）	复合肥（含氮15%、磷5%、钾20%）	900
	采后肥（8月下旬至9月中旬）	复合肥（含氮、磷、钾各15%）	300
基肥	采果后（9月上旬至10月下旬）	商品有机肥或农家肥	15 000~30 000

6.2.3 施肥方法

6.2.3.1 根际施肥

在树冠滴水线处挖环状沟或挖放射状沟，沟深30~50cm。做到化肥湿施，有机肥和磷肥深施，施肥后立即覆土。

6.2.3.2 根外追肥

选阴天、傍晚进行树冠叶面喷雾。浓度为尿素0.3%，磷酸二氢钾0.2%~0.3%，硼砂0.2%~0.3%。在蕾期、幼果期、果实膨大期和采后恢复期各喷一次。

6.2.4 主要缺素症矫治

6.2.4.1 缺硼症

花蕾期或盛花期喷0.2%硼砂一次或地面施硼砂每株25~40g。

6.2.4.2 缺铁症

碱性紫砂土梨园，夏梢长出3~5cm时，用硫酸亚铁0.05%~0.10%喷射树冠一次。

6.3 水分管理

6.3.1 排水

春夏两季、夏秋台风季节、遇暴雨和采收前 20 天，应注意排水。

6.3.2 灌水

连续高温天晴 7 天以上、伏旱、秋旱与冬旱及寒潮来临前应进行适当灌水。

7 整形修剪

7.1 整形

7.1.1 整形时间

生长期 4~7 月进行夏季护理；休眠期落叶后两周进行修剪整形，宜早进行。

7.1.2 树形选择

常规栽培采用开心形整形；棚架栽培采用 2~4 个主枝开心型或杯状形整形。

7.1.3 开心形整形

7.1.3.1 树冠结构

干高控制在 40~60cm，主枝 2~3 个分布均匀，开展角度 45°~60°，每个主枝的两侧培养 1 个副主枝或 1 个侧枝，间距 40cm，相邻侧枝朝向相反，同侧侧枝间距 70~80cm。主枝、侧枝上培养结果枝组，要求分布均匀。树冠高度低于 2.5m。

7.1.3.2 整形方法

第一年培养好 1 个主干、3 个主枝；第二年要培养好副主枝和侧枝，每个主枝培养 1~2 个副主枝或侧枝；第三年培养好分布合理的结果枝组；第四年使枝梢分布均匀，通风透光，生长健壮，任其结果并促发二次新梢。盛果期保持生长结果相对平衡，树高控制在 2.0~2.5m。

7.1.4 棚架栽培整形

7.1.4.1 树冠结构

主干高控制在 80~90cm，主枝 2~4 个分布均匀，主枝基角度 50°，延伸至棚面，各主枝上两侧分层培养 1~2 个副主枝，间距 40cm，相邻侧枝朝向相反，同侧侧枝间距 70~80cm。主枝、侧枝上培养结果枝组，要求分布均匀。棚架高度以 1.8~2.0m 为宜。

7.1.4.2 整形方法

第一年培养好 1 个主干、2~4 个主枝，定干高度为 0.9m，抽生的新梢选配主枝，主枝上下保持 10~15cm 的间距，新梢长到 50cm 以上时，用竹竿斜插于地面成 45°，将新梢绑缚于竹竿引其上架，培养 3 主枝的 3 根竹竿水平夹角为 120°，4 主枝的竹竿水平夹角为 90°，2 主枝的竹竿水平夹角为 180°。第二年要培养好副主枝和侧枝，每个主枝培养 1~2 个副主枝或侧枝；第三年培养好分布合理的结果枝组。第四年开始投产，生长期进行拉枝诱引，并将其绑扎在棚架铁丝上，使枝条分布均匀。

7.2 修剪

7.2.1 冬季修剪

7.2.1.1 幼龄树修剪

确定主枝数与方向，新梢 10~15cm 处进行短截，其他生产枝 5~10cm 处短截，截至枝条上端芽饱满为止。

7.2.1.2 初结果树修剪

以轻修剪为宜，适当删密留疏。保持侧枝均匀，对徒长枝和直立枝从基部剪除，有空档的徒长枝可行短截填补空缺。

7.2.1.3 盛果期修剪

多花树要重剪细剪，疏删与短截相结合，少花树则应轻剪，疏删部分密生枝和细弱枝。剪除枯枝、病虫枝、交叉枝；徒长枝从基部剪除，在树冠中下部较空虚时，可适当短截，作为更新枝以填补空缺。

7.2.1.4 修剪顺序及要求

先大枝后小枝，先上后下，先内后外；剪口要平整，不留短桩，锯口要用凿子或刀子削平。大剪口应涂保护剂。

7.2.2 夏季修剪

（1）幼龄树新梢抽发后，应及时摘心。

（2）幼龄树生长期拉枝，使树冠主枝形成45°，营养枝留60~80cm长摘心，结果枝上新梢留5~7片叶摘心或扭枝。

（3）成年结果树6月去掉树冠中下部抽发的直立旺枝。

7.2.3 更新疏枝

对树体郁蔽严重及老树进行更新修剪。回缩时对侧枝、副主枝更新或全部更新树冠，促发新结果枝群，结果枝应回缩修剪，树更新后萌发的新梢需及时删密留疏。

大年树、多花树多剪，小年树、低产树少剪，冬季疏大枝后需及时清园。

在初冬或早春对20年以上的老梨树外树皮刮去，每隔2~3年刮一次，刮后涂杀菌剂或波美5度石硫合剂。

8 花果管理

8.1 授粉

8.1.1 授粉时间

初花至盛花期。

8.1.2 授粉方法

8.1.2.1 人工授粉

在晴天采集授粉树上含苞待放的花蕾，花粉放在洁净干燥的容器中。在晴天梨花开放时进行，用软毛笔或海绵棒蘸花粉，点授予梨花序的边花柱头上，间隔15~20cm授1~2朵花。开花后3天内及时授粉，为弥补开花不整齐或漏授粉等情况，应在2~3天内进行第二次授粉。

8.1.2.2 其他措施

新开辟梨园地应进行花期放蜂授粉，每公顷放2箱蜜蜂。对授粉树配置不足的梨园,花期每株树挂 1~2 个瓶插花枝辅助授粉。

8.2 疏花疏果

8.2.1 时期

蕾期进行疏花蕾,疏果在花谢后 15 天开始至定果套袋前,即 4 月下旬至 5 月中旬,宜早不宜迟,分 2~3 次进行。

8.2.2 留果量

第一次疏果按 1 个花序留 1 果;第二次按照果与果间隔 20cm 留 1 个果;第三次按计划疏 30 000~45 000 kg/hm^2,单果重 0.25~0.4kg,再增加 10% 留果量,留果量 150 000~180 000 只/hm^2;保持叶果比(25~30):1。

8.2.3 方法和要求

疏腋花芽,留顶花芽;疏中长果枝顶花芽,留短果枝花芽,每一花序中留第三四朵花。

谢花后 15 天开始疏果,30 天内完成疏果。留大果,疏小果;留好果,疏病虫果、畸形果;留边果、疏中心果;留靠近骨干枝的果、疏去远离骨干枝的果。

根据梨园栽培条件、树龄及树冠大小调整疏果量,大年树、坐果率高的树可多疏,小年树,低产树可少疏或仅疏掉病虫果、畸形果。

8.3 套袋

8.3.1 套袋时间

在疏果、定果后的 4 月下旬至 5 月中旬进行,套袋前 1~3 天全面防治梨幼果期病虫害。

8.3.2 果袋选择

生产变色果用双层外黄内黄为好,生产本色果用单层内外黄袋为好。

8.3.3 套袋方法

套袋时要撑开袋体，使果实悬空于袋中，扎紧袋口。一果一袋，先套树上部，后套中下部。

9 主要病虫害防治

9.1 防治原则

按照"预防为主，综合防治"的植保方针，以植物检疫、农业防治、物理防治为基础，提倡生物防治，科学使用化学农药，有效控制病虫为害，保障农产品质量安全，保护生态环境。

9.2 防治方法

9.2.1 农业防治

选用优质无病毒苗木栽植，不与其他品种果树混栽；加强栽培管理，增强树势，保持果园通风透光，提高抗病虫能力；加强冬春季清园，减少越冬病虫源。

9.2.2 物理防治

根据梨树害虫的发生及生物学特性，采取糖醋液、树干缠草绳和诱虫灯、诱虫黄板等方法诱杀害虫。

9.2.3 生物防治

保护和利用赤眼蜂、瓢虫、捕食螨等天敌，开展果园养鸡、以虫治虫、以菌治虫等的生物防治。

9.2.4 化学防治

有限制地选择高效、低毒、低残留的农药，交替轮换使用，农药的使用次数、使用方法和安全间隔期应按 GB 4285、GB/T 8321（所有部分）的要求执行。农药使用按 NY/T 1276 执行。

主要病虫害化学防治方法按附录 A 的规定要求执行。

10 采收与贮运

10.1 采前准备

选择清洁干燥的容器，并垫纸或柔软缓冲材料。

轻采轻放，要保持果梗完整或剪平，套袋果连同果袋一起采下，采收人员应剪平指甲，不攀枝拉果，切忌伤果。

10.2 采收技术

10.2.1 时间

据果皮颜色、果实内种子的颜色、果柄与果枝的脱离难易及香气判断采收成熟度。用于贮藏、运输的果实要适当早采,套袋梨果比不套袋果迟4~7天采摘。

10.2.2 方法

采摘时手握果实向上提即可。采收果实应选黄留青、先大后小,按树冠先外后内、先下后上的顺序分批采收。

10.2.3 要求

果实随采、随运、随入临时仓库,避免日晒雨淋。

10.3 选果分级

10.3.1 选果

果实入库后立即进行选果,剔除病虫果、畸形果、残次果、损伤果。

10.3.2 分级

鲜果梨质量分3个等级,其余为等外品,梨果分级指标见附录B。

10.4 贮藏

10.4.1 预贮与包果

分级后将果实放在通风处,预贮1~2天。预贮后的果实用专用纸包裹或裸果贮存。

10.4.2 贮存容器

可选用木箱、塑料箱和条筐作贮果用具,若用纸箱应符合GB/T 6543的规定,贮果用具内壁必须平整,衬垫软物,容量以15~25kg为宜。

10.4.3 库房要求

10.4.3.1 清洁与消毒

贮藏前库房打扫干净,贮果用具洗净晒干消毒。

10.4.3.2 冷藏库贮藏

在温度1～3℃，相对湿度85%以上的库房中冷藏。

10.4.3.3 通风库贮藏

通风库应具有良好的通风换气和保温保湿能力，并严防鼠害。梨果入库后宜保持温度4～16℃，相对湿度为75%～85%。定期检查果实腐烂情况，及时拣出烂果。

10.4.4 贮藏方法

10.4.4.1 贮藏方式

可采取箱贮、架贮和堆藏等方式。

10.4.4.2 保鲜指标

贮存1～3个月，总损耗不超过10%，能保持黄花梨固有的外观和风味。

10.5 运输

（1）不与有毒、有异味、有霉等易污染物品混装混运。

（2）长途运输采用冷藏车，出库后立即装车，纸箱不易堆放过高，宜留通风散热通道。

（3）装车后及时起运，采取防风、防雨淋、防晒、防碰撞等措施。

（4）果品跨县级行政区域调运按 GB 15569 执行。

11 黄花梨标准化生产模式图

黄花梨标准化生产模式图见附录C。

附录A（资料性附录） 主要病虫害化学防治方法

附表3 黄花梨的主要病虫害化学防治方法

病虫害名称	防治适期	化学防治方法（任选一种农药）	每年最多使用次数	安全间隔期（天）
梨锈病	谢花末期、幼果期	20%三唑酮可湿性粉剂1 500倍液； 12.5%烯唑醇可湿性粉剂3 000倍液	2 3	21 21
梨轮纹病	梨树发芽前、谢花后	70%甲基硫菌灵可湿性粉剂800倍液； 10%苯醚甲环唑水分散剂3 000倍液	3 3	7 14
梨黑星病	萌芽前、谢花后、幼果套袋前	40%腈菌唑可湿性粉剂8 000倍液； 40%氟硅唑乳油8 000倍液	3 2	7 21
梨黑斑病	萌芽前、谢花后、梅雨期结束前	50%多菌灵1 000倍液；80%代森锰锌可湿粉800倍液	3 3	28 10
梨小食心虫	新梢生长期，果实发育期	52.25%氯氰·毒死蜱乳油2 000倍液； 2.5%氯氟氰菊酯乳油2 000倍液；5%高效氯氰菊酯乳油2 000倍液	1 2 3	28 21 7
梨二叉蚜	卵孵化盛期，新梢有蚜率达10%时	10%吡虫啉可湿性粉剂2 000倍液； 20%啶虫脒乳油2 000倍液喷雾	2 1	14 30
刺蛾	越冬期、幼龄虫期、采果前1个月	5%高效氯氰菊酯2 000倍液； 48%毒死蜱乳油1 500倍液	3 1	7 28
梨网蝽	采果后	5%高效氯氰菊酯乳油3 000倍液； 48%毒死蜱乳油1 000～1 500倍液	3 1	7 28
梨木虱	越冬成虫出蛰盛期，第一代幼虫发生期	1.8%阿维菌素乳油2 000倍液； 10%吡虫啉可湿性粉剂2 000倍液	3 2	14 14
梨花瘿蚊	花芽鳞片松动露白期 2月上中旬	地面喷施50%辛硫磷乳油150倍液； 2.5%氯氟氰菊酯乳油4 000倍液； 48%毒死蜱乳油1 000倍液喷树冠花蕾	4 2 1	7 21 28
梨叶瘿蚊	谢花期、新梢生长期	48%毒死蜱乳油450倍液； 5.7%氟氯氰菊酯1 500倍液	1 3	28 21
梨红蜘蛛	采果后，叶片虫口达3头以上时	15%哒螨灵乳油2 000倍液； 1.8%阿维菌素乳油3 000倍液	1 3	5 14

注：所有农药的施用方法及使用浓度均按国家有关规定执行

附录 B（资料性附录） 果实分级指标

附表 4 黄花梨的果实分级指标

项目	指标		
	特级	一级	二级
果形	果形端正，具有本品种固有的特征，果梗完整剪平	果形端正，具有本品种应有的特征。果梗完整或剪平	果形正常，允许10%以下果有缺陷，但仍保持本品种应有特征
色泽	具有本品种成熟时和套袋后固有的色泽，果面洁净，色泽新鲜、漂亮	具有本品种成熟时和套袋后应有的色泽，果面较洁净，色泽较新鲜	具有本品种成熟时和套袋后应有的色泽，允许色泽稍差
果面缺陷	无以下缺陷。①轻微碰压伤，刺划伤、磨擦伤。②轻微水锈、药斑面积均不超过果面的1/20。③日灼、雹伤，病害、虫害果。	允许轻缺陷不超过1项。①轻微碰压伤，刺划伤、磨擦伤。②轻微水锈、药斑面积均不超过果面的1/10。③日灼桃红色或稍微发白面积不超过 $1.0cm^2$，轻微雹伤1处，面积不超过 $0.5cm^2$。④病害，食心虫害。	允许轻微缺陷不得超过2项。①轻微碰压伤3处，总面积不超过 $2.0cm^2$，每处不超过 $1.0cm^2$，不得变褐。②轻微磨伤及水锈、药斑面积不超过果面的1/5。③轻微日灼不超过 $2.0cm^2$；轻微雹伤2处，总面积不超过 $1.0cm^2$，干枯虫伤数2处，总面积不超过 $1.0cm^2$。
果梗	果梗完整	果梗完整	允许果梗轻微损伤
整齐度	同一批次果大基本一致	同一批次果径差异小于0.5cm	同一批次果径差异小于1cm
单果重（g）	≥400	≥300	≥250
可溶性固形物（%）	12	11	11
硬度（kg/cm^2）	4	4	4
可滴定酸（%）	0.3	0.3	0.3

注：以上梨果基本要求为具有本品种的固有特征和风味，适合鲜销和冷藏的成熟度，果实完整新鲜洁净，无异味。同一等级中不得有隔级果，领级果个数不得超过8%

附录 C（资料性附录） 浙江省黄花梨标准化生产模式图

月		物候期	主要管理措施	主要病虫害及防治措施	技术指标说明
12	上旬	休眠期	1. 做好园地清沟排水，立春后浅翻松土或生草覆盖工作。 2. 施花蕾肥：雨水前后成年树株施复合肥0.5kg。 3. 整形修剪，做好幼树的培养，拉枝整形，做好定干和树芽的培养，成年树芽前疏花芽，花芽与叶芽的比例（1.0~1.5）:1，树冠高度控制在2.5m以下。 4. 园地建设，做好沟渠道路修建，搭好棚架，密植梨园进行疏树和压冠。 5. 新梨园扩种：选好黄花为主栽品种，搭配翠冠、翠玉等授粉品种。	1. 冬季清园：结合冬季修剪，剪除病虫枯枝，用波美5度石硫合剂喷洒。 2. 春季清园：萌芽前用45%松脂酸钠可溶性粉剂60~80倍液喷洒。 3. 刮树皮、清除枯枝纹病斑、园地杂草、落叶、园地越冬病虫螨等越冬物，树干涂白，消灭越冬病虫害。 4. 防治花蕾蛆：2月上旬用50%辛硫磷100倍或90%敌百虫100倍液地面喷雾。	适用范围：本模式图适用于浙江省低丘红壤土栽培的黄花梨。 产量构成：亩栽45~60株；树龄6年以上；亩果数120~150只，亩果数6 000~8 000只，其中一级果以上达80%；单果重300~400g；亩产2 000~2 500kg；大小年幅度10%以内。 技术指标：①树冠覆盖率80%以下，树高2.0~2.5m，留果密度15~20cm着一果，叶果比（25~40）:1；②每年施纯肥80kg，氮、磷、钾比为10:5:9；其中有机肥占30%以上，秋季每株施有机肥25~50kg；③2年冶虫次数控制在8次以内。
	中旬				
大雪	下旬				
冬至					
1	上旬	冬季修剪			
小寒	中旬				
大寒	下旬				
2	上旬	萌芽期		春季清园	
立春	中旬				
雨水	下旬				

(续表)

月		物候期	主要管理措施	主要病虫害及防治措施	技术指标说明
3	上旬 惊蛰		1. 施壮果肥：5月中旬株施复合肥0.5kg。 2. 松土除草：做好开沟排水，防止积水烂根，幼龄果园4月上中旬播种夏季绿肥。 3. 花期授粉：人工授粉或梨园放蜂，根外追肥促果。 4. 疏果：谢花后7~10天开始至5月中旬疏果，每果序留1个果，每果间距20~25cm，株产120~150果，疏去病虫果、畸形果、发育不良和无叶果。 5. 根外追肥：叶面肥800~1 000倍液或0.2%磷酸二氢钾+0.2%硼砂。	1. 防治梨锈病：3月中旬用40%腈菌唑可湿粉剂8 000倍液，谢花展叶期喷20%三唑酮粉剂1 500倍液，隔10天连喷2次。 2. 4月中旬防治梨茎蜂，剪除虫害枝。 3. 5月上中旬，套袋前，防治黑星病、黑斑病、卷叶瘿蚊、梨木虱等。用80%代森锰锌可湿粉剂600倍液加52.25%氯氰1 500倍液加毒死蜱乳油1.8%阿维菌素乳油2 000倍液喷洒。 梨叶瘿蚊 梨锈病	适用范围：本模式图适用于浙江省低丘红壤土栽培的黄花梨。 产量构成：亩栽45~60株；树龄6年以上；单株果数120~150只，亩果数6 000~8 000只，其中一级果以上达80%；单果重300~400g；亩产2 000~2 500kg；大小年幅度10%以内。 技术指标：①树冠覆盖率80%以下，树高2.0~2.5m，留果密度15~20cm着果一台，每果台1~2只果，果比（25~40）：1；②年亩施纯肥60~80kg，氮、磷、钾比为10：5：9；其中有机肥占30%以上，秋季每株施有机肥25~50kg；③年治虫次数控制在8次以内。
	中旬	开花期			
	下旬 春分				
4	上旬 清明				
	中旬				
	下旬 谷雨				
5	上旬 立夏	幼果期			
	中旬				
	下旬 小满				

（续表）

月		物候期	主要管理措施	主要病虫害及防治措施	技术指标说明
6	芒种 上旬		1. 施壮果肥：6月中旬株施复合肥0.8kg。2. 开沟排水：防止梅雨季节果园积水，伏旱时及时灌水抗旱；6月下旬用20%百草枯水剂200倍除草，松土除草，地面覆盖。3. 夏季修剪：进行摘心、拉枝、扭枝等措施，做好吊枝防风工作。4. 定果套袋：5月底前套袋，先进行全面病虫防治，然后及时套袋。5. 适时采收：据品种成熟度分批采收，早熟梨（翠冠）7月上中旬采收，黄花梨8月中下旬采收。	1. 5月底6月初，防治轮纹病、黑斑病、梨木虱、梨小食心虫、梨蚜、刺蛾等害虫，可选用10%苯醚甲环唑水分散剂3000倍或12.5%烯唑醇粉剂3000倍加1.8%阿维菌素乳油2000倍加40%菌死蜂乳油1000倍。2. 6月底7月初，防治吸果夜蛾和轮纹病，用5.7%氟氯氰菊酯乳油1500倍液加1.5%多抗霉素600~800倍液。3. 7月上中旬开始用杀虫灯诱杀果夜蛾，采果前25天全面禁止使用农药，确保果品质量安全。	适用范围：本模式图适用于浙江省低丘红壤土栽培的黄花梨。产量构成：亩栽45~60株；树龄6年以上；单株果数120~150只，亩果数6000~8000只；其中一级果以上达80%；单果重300~400g；亩产2000~2500kg；大小年幅度10%以内。技术指标：①树冠覆盖率80%以下，留果密度2.0~2.5m，留一果台15~20cm着一果，每果台1~2只果，叶果比（25~40）:1；②亩施纯肥60~80kg，氮、磷、钾比为10:5:7；其中有机肥占30%以上，秋季每株施有机肥25~50kg；③3年治虫次数控制在8次以内。
	夏至 中旬				
	下旬	果实膨大期		梨木虱	
7	小暑 上旬				
	中旬				
	大暑 下旬			梨黑斑病	
8	立秋 上旬				
	中旬				
	处暑 下旬	果实成熟期			

（续表）

月		物候期	主要管理措施	主要病虫害及防治措施	技术指标说明
9	白露 上旬 / 中旬 秋分 下旬	养分积累期	1. 深翻施基肥：9月上中旬施腐熟有机肥40kg或商品有机肥20kg；适施石灰，中和酸性，翻后干旱需灌水抗旱。 2. 梨园松土除草，消除果园杂草，病枝叶集中深埋或烧掉果木灰，果园又增加钾肥，达到清洁果园又增加钾肥源的目的。 3. 幼林园套种冬季绿肥，果园绿色生物覆盖。 4. 根外追肥增强树势，喷0.3%尿素+0.2%磷酸二氢钾叶面喷雾，保叶，提高叶片光合养分积累。 5. 加强病虫害防治，防止梨树提早落叶和秋季干花。	1. 采果后治虫保叶，9月上中旬用50%多菌灵粉剂1 000倍液或80%波尔多液1 000倍液加2.5%高效氯氟氰菊酯乳油1 000倍液，防治梨斑点落叶病、梨木虱等病虫。 2. 防治梨网蝽、梨木虱、红蜘蛛等，可用10%吡虫啉粉剂1 500倍液加15%哒螨灵乳油1 500倍液防治，结合根外追肥叶面喷施，秋季提早落叶。 3. 秋季清除杂草，病虫枝叶中集中烧毁，减少越冬病虫源。（梨轮纹病、梨黑星病图）	适用范围：本模式图适用于浙江省低丘红壤土栽培的黄花梨产量构成：苗栽45~60株；树龄6年以上；单株果数120~150只，亩果数6 000~8 000只；其中一级果以上达80%；单果重300~400g；亩产2 500kg；大小年幅度10%以内。技术指标：①树冠覆盖率80%以下，树高2.0~2.5m，留果密度15~20cm着一果，叶果比（25~40）：1；②年亩施纯肥60~80kg，氮、磷、钾比为10:5:9；其中有机肥占30%以上，秋每株施有机肥25~50kg；③年治虫次数控制在8次以内。
10	寒露 上旬 / 中旬 霜降 下旬	落叶期			
11	立冬 上旬 / 中旬 小雪 下旬				